原州区玉米主要栽培技术模式

秋季半膜覆　　　　　滴　灌　　　　　秸秆还田覆盖

覆土护膜越冬　　　　集雨补灌　　　　双垄集雨沟播

间苗、定苗、打杈

追肥

半膜与露底种植苗期生长情况

整地、施种肥

玉米收获后灭茬作业　　　　　玉米地根茬、残留地膜

全膜覆盖

半膜

膜侧播种，半膜覆盖

膜上播种，半膜覆盖

大垄双行种植，半膜覆盖

种植模式

覆膜前喷洒除草剂

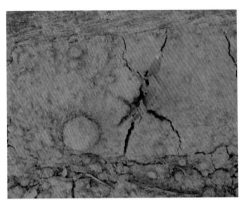

除草剂危害   雨后板结

间苗、定苗

人工施肥

干旱导致植株萎蔫

大风造成植株倒伏

人工抚植

雹灾

新型职业农民培育·农村实用人才培训系列教材

玉米高产栽培新技术

蒽　贤　郭忠富　海小东　王淑芳　等著

中国农业科学技术出版社

图书在版编目（CIP）数据

玉米高产栽培新技术／惠贤等著 . —北京：中国农业科学
技术出版社，2015.12
 ISBN 978 - 7 - 5116 - 2454 - 3

Ⅰ.①玉…　Ⅱ.①惠…　Ⅲ.①玉米－高产栽培－栽培技术
Ⅳ.①S513

中国版本图书馆 CIP 数据核字（2015）第 317440 号

责任编辑	闫庆健　张敏洁
责任校对	马广洋

出 版 者	中国农业科学技术出版社
	北京市中关村南大街 12 号　邮编：100081
电　　话	（010）82106632（编辑室）　（010）82109704（发行部）
	（010）82109709（读者服务部）
传　　真	（010）82106625
网　　址	http://www.castp.cn
经 销 者	各地新华书店
印 刷 者	北京俊林印刷有限公司
开　　本	710mm×1 000mm　1/16
印　　张	11　彩插 6 面
字　　数	206 千字
版　　次	2015 年 12 月第 1 版　2015 年 12 月第 1 次印刷
定　　价	26.00 元

《玉米高产栽培新技术》
编委会

主　　任	李宏霞			
副 主 任	杜茂林	恿　贤		
编　　委	陈　勇	姚亚妮	海小东	王锦莲
	窦小宁	王文宁		

著者名单

主　　著	恿　贤	郭忠富	海小东	王淑芳
副 主 著	张玉龙	周彦明	王　琳	张国辉
	李　烈	王锦莲		
参　　著	王志强	闫晓丽	冯　荔	陈　玢
	余秀珍	黄正军	陈智君	陈　勇
	姚亚妮	牛道平	王文宁	窦小宁
	雍海虹	马志成	张金文	蔡晓波
	冯　祎			

前　言

　　玉米是集粮饲兼用、加工能源于一身的多元用途作物，又是具有高产潜力优势的高光效作物，被誉为 21 世纪的"谷中之王"。进入 20 世纪中叶，随着种植结构的调整，以及覆膜保墒旱作节水技术的大面积推广和应用，玉米已成为宁夏南部山区第一大种植作物，是当地畜牧养殖业的主要饲草料来源和农业增效、农民增收的主要途径之一。

　　宁夏南部山区区域生态条件复杂多样，玉米栽培技术水平较低，但增产潜力较大。因此要在玉米生产中，加强田间管理，提高栽培技术水平，增强抗旱、抗逆能力。随着农业生态环境、种植结构、耕作制度、品种、生产方式及生产条件的改变，一些病虫草害的繁衍代数、地理分布发生变化，且呈加重的趋势，可以说对宁夏南部山区玉米生产又增加了新的逆境。为实现玉米优质、高产、安全有效生产，针对目前玉米生产中存在的栽培技术现状和各类逆境与灾害性问题，编写了《玉米高产栽培新技术》一书。全书由玉米种植区域的分布特点和种植区域的划分、玉米生长发育、栽培技术模式、抗旱栽培技术等 4 章组成。

　　本书按玉米生长发育进程、田间管理环节，并在长期生产实践资料收集整理基础上编写完成的，书中大部分数据、图片来自试验研究和生产实践。该书较系统地介绍了玉米生长发育时期栽培管理要点，可能遇到的逆境、病虫害和出现的生长异常，主次分明，简明扼要，技术措施简单明了，通俗易懂，图文并茂。本书是较为理想的新型职业农民和农村实用人才培训教材，也可供广大农业技术人员参阅学习，同时对宁夏回族自治区南部山区、中部干旱带乃至西北旱作雨养区玉米高产栽培研究、技术推广具有一定的参考价值。由于作者水平有限，书中缺点和错漏之处在所难免，敬请谅解。

编　者

2015 年 7 月

目　录

概　述

第一节　玉米生产的意义与分布区划

一、玉米生产的重要意义

玉米是世界第三大粮食作物，播种面积和总产仅次于水稻和小麦。在宁夏回族自治区南部山地的原州区，种植面积在 35 万亩（15 亩 = 1hm²；1 亩 ≈ 667m²。全书同）以上，且以每年 5 万~6 万亩的面积在增加，未来二三年有望超过马铃薯种植，成为第一大粮食作物。目前，全世界玉米生产已从传统的粮食作物生产发展到饲料与深加工等多用途生产。其中，70%~80% 的籽粒主要作为精饲料及配合饲料利用，其 15%~20% 作为加工工业的原料，仅有 10%~15% 为人们直接食用。玉米是 C₄ 作物，光合效率高，干物质积累量多，增产潜力大。玉米籽粒中营养成分丰富，平均蛋白质含量 10%，淀粉含量 70%，脂肪含量 4.6%，维生素 A 含量也很丰富，维生素 B₁、维生素 B₂ 含量比大米多。玉米素有"饲料之王"的称号。籽粒是优良精饲料，营养价值高且易于消化。茎叶中含有丰富的维生素、矿物质等多种成分，从玉米抽雄到蜡熟期间可带果穗收割加工，作为营养丰富的青贮饲料。玉米综合利用价值高，工业和医药上用途广泛，全株各器官都可作轻工业原料，能直接或间接制成的工业品达 500 种之多，如淀粉、糖浆、葡萄糖、抗生素、酒精、醋酸、丙酮、丁醇、糠醛、玉米油、肥皂、油漆等。

二、玉米的起源、分布和生产概况

玉米的主要起源地在中南美洲，栽培历史约有 5 000 年。全世界每年种植玉米 1.3 亿~1.4 亿 hm²，总产量 6 亿 t 左右，约占全球谷物总产量的 33%。在过去 40 年中，全球玉米播种面积从 1.02 亿 hm² 增加到了 1.4 亿 hm²。全世界栽培玉米面积最大的是北美洲，其次是亚洲、拉丁美洲、欧洲、非洲和大洋洲。栽培玉米面积最多的国家有美国、中国、巴西、俄罗斯、法国、罗马尼亚等，尤以美国种植面积大，产量高。玉米传入我国栽培，大约有 500 年的历史。我国常年玉米种植面积为 2 300 万 hm²，总产量 1.26 亿 t 左右，仅次于美国，居世界第二位；2005 年我国玉米种植面积为 2 635.81 万 hm²，总产量 1.39 亿 t。

三、我国玉米的种植区划

玉米在我国分布很广，主要集中在东北、华北和西南地区，大致形成一个从东北到西南的斜长的玉米种植带。以吉林、山东等省种植面积最大。中国玉米可划分为 6 个产区（表 1－1）。

表 1－1　中国玉米种植分布区划（引自：《中国玉米种植区划》）

分区	包括地区	无霜期（d）	≥10℃积温
北方春玉米区	黑龙江、吉林、辽宁、宁夏和内蒙古大部、河北陕西和甘肃的一部分。	130～170	2 000～3 300
黄淮海夏播玉米区	淮河、秦岭以北。包括山东、河南，河北的中南部，山西中南部，陕西中部，江苏和安徽北部。	170～220	3 600～4 700
西南山地丘陵玉米区	四川、贵州、广西和云南，湖北和湖南西部陕西南部及甘肃的一小部分。	200～300	4 500～5 500
南方丘陵玉米区	广东、海南、福建、浙江、江西、台湾等，江苏、安徽的南部，广西湖南、湖北的东部。	250～365	4 500～9 000
西北灌溉玉米区	新疆和甘肃的河西走廊以及宁夏河套灌溉。	130～150	2 500～2 600
青藏高原玉米区	青海和西藏。	110～130	2 400～3 200

注：表中宁夏回族自治区，内蒙古自治区，广西壮族自治区，新疆维吾尔自治区和西藏自治区，全书分别简称宁夏、内蒙古、广西、新疆和西藏

四、原州区玉米的种植区划

宁夏原州区从南到北，无霜期逐渐增加，海拔逐渐降低，有效积温逐渐增加，种植品种。玉米分布很广，主要集中分布在清水河谷川道区、城区、西大路旱塬区以及东部丘陵山区。以清水河谷川道区种植面积最大。原州区玉米可划分为 3 个种植区（表 1－2）。

表 1－2　原州区玉米种植分布区划

分区	包括区域	无霜期（d）	≥10℃积温
高度适宜种植区	海拔 1 800m 以下，全年降水 350～450mm，7 月份降水量为 90～110mm 或有补充灌溉条件，耕地等级为 1、2 等地的区域，主要分布在清水河谷川道区。	140～160	2 100～2 700
适宜种植区	海拔 1 700～1 900m，全年降水 350～400mm，7 月份降水量 70～90mm，或有补充灌溉条件，耕地等级为 2、3 等地的区域。	135～140	2 000～2 600

（续表）

分区	包括区域	无霜期（d）	≥10℃积温
次适宜种植区	海拔在1 900m左右，全年降水在350mm以下7月份降水量70mm左右或有集雨补充灌溉条件，气候类型主要是干旱、半干旱的东部山区和半湿润偏旱区，耕地等级为三、四等地的区域。	125～135	1 900～2 300

第二节　玉米栽培的类型

一、籽粒特征分类

玉米属禾本科，玉米属。目前生产上种植的为栽培种（*Zea mays* L.）。染色体数 2n = 2X = 20。按现行通用的方法分类，栽培种可分为如下 9 个类型（亚种）。

（一）马齿型

马齿型（*Zea mays* L. sub. *indentata Sturt.*）也称马齿种或马牙种。果穗大，长圆形，籽粒较扁长，籽粒顶部成熟后凹陷如马牙。籽粒含直链淀粉多，产量较高，品质稍差，目前生产上栽种面积最大。

（二）硬粒型

硬粒型（*Zea mays* L. sub. *indurata Sturt.*）也称硬粒种。果穗圆锥形，籽粒圆形，较马齿型稍小，色泽光亮，果皮与种皮较硬，故得此名。籽粒含支链淀粉较马齿型多，品质较好，产量比马齿种稍低。生育期较短，成熟较早，适应性较广，在我国栽培历史较长。

（三）半马齿型

半马齿型（*Zea mays* L. sub. *semindentata Kulesh.*）亦称中间型。籽粒属马齿型和硬粒种的中间类型。

（四）爆裂型

爆裂型（*Zea mays* L. sub. *euerta Sturt.*）也称爆粒种。果穗较小，籽粒小而硬，呈圆形，籽粒顶部突起，籽粒内含支链淀粉多，品质好；可生产质地蓬松的爆米花，再加工成多种高级食品。

（五）甜质型

甜质型（*Zea mays* L. sub. *saccharata Sturt.*）也称甜玉米，或称甜质种。果穗

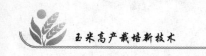

中等，长圆形，籽粒成熟后，因脱水而使种皮皱缩，内含支链淀粉，胚较大。乳熟期籽粒内古糖量较高，大多数含糖量在 15% ~18% 。

（六）蜡质型

蜡质型（*Zea mays* L. sub. *ceratina* Kulesh.）也称蜡质种，又叫糯玉米。果穗较小，籽粒内全为支链淀粉，黏性大，无光泽，籽粒不透明。蜡熟期采收，多以青鲜果穗煮熟食用，颇受欢迎。

（七）甜粉型

甜粉型（*Zea mays* L. sub. *arnyleo saccharata* Sturt.）也称甜粉种。果穗中等，籽粒上部为支链淀粉，含有精分，下部为直链淀粉。大多作为育种材料。

（八）粉质型

粉质型（Zea mays L. sub. amylacea Sturt.）也称粉质种，或称软粒种。果穗和籽粒的性状与硬粒种相似，籽粒内全为直链淀粉，无光泽透明，结构疏松。宜制作玉米淀粉或作为良好的酿酒原料。

（九）有稃型

有稃型（Zea mays L. sub. tunicata Sturt.）也称有稃种。果穗上的籽粒被长大的稃壳包住，其顶部有芒。籽粒较硬，多含支链淀粉。属玉米原始类型，有自交不育现象，雄花序发达。可作饲料。

二、生物学特性分类

（一）生育期分类

根据玉米的生育期长短可分为早熟、中熟和晚熟 3 类（表 1-3）。玉米生育期的长短，随环境不同而改变。一般日照加长、温度变低时生育期加长。反之，则生育期缩短。因此，生态条件和地域习惯不同，在品种的熟期划分上也有一定的差异。一般我国北方的同一熟期划分的玉米生育期天数相对长于南方。

表 1-3　按玉米生育期分类

项目	早熟	中熟	晚熟
生育天数（d）	70 ~85	85 ~120	120 ~150
积温（$\sum t \geqslant 10°C$）	2 000 ~2 200	2 200 ~2 500	2 500 ~2 800
基本特征	种植矮小，叶片数少，一般叶片数 14 ~17 片，籽粒小，一般千粒重为 150 ~200g	种植性状介于两者之间，千粒重 200 ~300g，适宜地区较广	植株高大，叶片数较多，为 21 ~25 片，籽粒大，千粒重 300g 左右，产量高

（二）株型分类

植株茎叶角度和叶片的平展程度是玉米株型的重要分类形态指标，通常将玉米分为紧凑型、平展型和半紧凑型 3 种类型。

1. 紧凑型

表现为果穗以上叶片直立、上冲，叶片与茎秆之间的夹角小于 30°。此型玉米植株中部叶片比较长，而上部和下部叶比较短。紧凑型玉米群体的透光性能较好，对光能的利用率高，特别适合于高密度种植，具有较高的群体生产潜力，是目前高产玉米的主要类型。

2. 平展型

表现为果穗叶以上叶片平展，叶尖下垂，叶片与茎秆夹角大于 45°。植株上部叶片较长，下部叶片较短，个体粗壮，群体透光性能差，不宜高密度种植。

3. 半紧凑型

植株形态介于紧凑型和平展型之间。

（三）按实用分类

玉米按播种季节可分为春玉米、夏玉米、秋玉米、冬玉米。按照玉米的利用途径和经济价值可以分为高油玉米、糯玉米、甜玉米、爆裂玉米、优质蛋白玉米、青饲青贮玉米、高淀粉玉米、笋玉米等。有时还可根据作物对环境的适应性将玉米分为抗旱品种、耐涝品种、耐瘠薄品种、耐肥品种、耐高温品种、耐低温品种等。

第三节　选用良种和覆盖地膜

一、选用良种

（一）良种有区域性

在特定的生产地区选用特定的良种是高产的关键。地膜覆盖栽培玉米配套技术，是把原来玉米生产的试用期较短、增产潜力小的早熟、中熟杂交种或农家种，改种成增产潜力较大的中熟、晚熟高产品种，可以大幅度增加产量。要发挥良种的增产潜力，首先要因地制宜选用良种，实施配套技术，充分发挥覆膜栽培的经济效益。

（二）选用优良品种的原则

选用优良品种，要根据生产单位的生态、生产条件，来选择生育期长短适

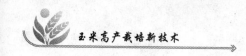

宜、高产、株型紧凑、抗逆性强、中后期生育较快的品种。

1. 选用生育期长短适宜的品种

在玉米生产中，选用的玉米品种必须保证玉米全生育期即从播种到安全成熟有足够天数和足够积温。研究与生产证明，同一玉米品种，采用地膜覆盖栽培比露地栽培全生育期提早 10～15 天，增加有效积温 250～380℃，其中，一般旱年达 300℃以上，涝年达 280℃左右，同时平均单株总叶数增多 2～3 片。在整个生产中要求，玉米全生育期在大于 10℃有效积温内有利玉米的生长发育。在大气对流层内，海拔每升高 100m，日平均气温下降 0.65℃，玉米全生育期 150 天内总积温减少 97.5℃，若以水平距离比较，纬度北移 1°，相当于海拔升高 150～300m。凡生产上采用覆盖地膜栽培方法时选种玉米优良品种，在适宜种植的区域范围内，海拔可以增高 150～300m，或向北移 1.5～3 个纬度，即远扩 150～300km 是可行的。据美国报道，在良种选择的区域内，玉米吐丝至成熟时期，气温高于 20℃的天数的多少和玉米高产优质具有相关性，原东北农学院研究资料指出，玉米吐丝至成熟期日均温度的高低与玉米产量高低成正相关。因此，要根据生产单位的气象条件，使玉米吐丝至成熟期，处在一个 21℃的临界温度范围内并相对延长其生育期，才有利于光合产物的形成、输送、分配和积累，促进穗大粒多，籽粒饱满。生产单位选用良种时，必须根据当地生态、生产条件，参考玉米品种的生育期，确定适宜玉米品种。

2. 选用株型紧凑、适宜密植的品种

进行地膜覆盖栽培时，由于玉米生育基本因子进一步改善，种植密度要适当增加。为了更好地发挥群体对光能的利用率，选用株型紧凑，植株的中上部叶片半上举，下部叶片平展，基部节间粗壮的品种，这样可有利于合理密植。如目前推广的地膜玉米栽培品种先玉 335、五谷 704、西蒙 6 号、迪卡 519、登海 618、晋单 73、榆单 88 等，大部分具有上述特征。

3. 选用中后期生育快，抗逆性强的品种

选用玉米生育中后期生长发育快而抗逆性强的玉米品种类型，可以延长光合时期，有利于干物质的生产、运输和积累。例如适宜性能广、推广面积大的先玉 335、五谷 704 等。在宁南山区早春，常常受低温侵害和干旱危害，若能采用地膜覆盖栽培等配套技术，能大幅度挖掘其增产潜力。

（三）良种良法配套

玉米栽培技术中，选用良种是增产的内因。改善和满足良种基本生育条件是玉米增产的外在动力。地膜覆盖栽培玉米多数处在高海拔、高纬度、高海拔兼高纬度地区和有灌溉条件的干旱地区。这些地区热量不足，无霜期短，加上有些高寒山区土壤瘠薄，栽培管理粗放，投入较少，产量很低，或者是因为干旱、半干旱地区不能保证灌溉。原来种植的玉米品种是适应这些自然条件和生产条件而选用的品种。地膜覆盖后改善了农田小气候增加了土壤热量资源，相应地改善了土壤中水、肥、气、热等土壤肥力因素。因此，要选用适应配套技术的优良品种和栽培措施，适应和改善了生态环境条件和提高了土地的生产水平，才能发挥优良新品种的增产潜力。

二、选用农用地膜

本地区从 20 世纪 80 年代开始引进聚氯乙烯薄膜，用于地面覆盖栽培作物，进入 21 世纪后，由于种植业生产的发展，地膜质量不断改进，地膜已成为农业生产不可缺少的农业生产资料，特别是在西北干旱地区，地膜覆盖栽培已取得了极为显著的经济效益和社会效益。

（一）地膜规格

一般选择地膜厚度 0.008 ~ 0.012mm；半膜宽度为 80cm，全膜宽度为 120cm，一膜两季地膜厚度为 0.010 ~ 0.012mm。

（二）地膜用量的计算

亩用地膜量的多少，直接关系到农民支出费用和经济效的高低。地膜每亩消耗量，取决于地膜种类及规格、覆膜率、覆膜技术和行距配置等因素。

覆膜率（度），是指地膜面积与土地面积之比。半膜覆盖通常采用宽窄行种植，一般地膜覆盖于窄行，种植两行玉米，选用窄的地膜。在同样行距配置时，地膜宽度决定着覆盖率；而全膜覆盖栽培，由于是全地面覆盖，地膜的覆盖率一般为 100%。

$$覆盖率（\%）=膜宽/（平均行距×2）×100$$

生产中为了便于计算每亩用膜量，例如窄行距 40cm，宽行距 70cm，即为 110cm 的玉米带，若选用 70cm 的地膜，则地膜覆盖率为 63.6%（70/110），按理论覆盖率计算，每亩约有 423m^2 地膜覆盖（即 667 × 63.6%）。

用膜量，则是将每亩所使用地膜的平方米乘每平方米地膜重量，即：

$$每亩用膜量（kg）=地膜密度（每立方米地膜 g 数）×地膜厚度（mm）×$$
$$667 × 覆盖率。$$

第二章
玉米栽培的生物学基础

第一节　玉米生长发育

玉米在生育期中，随着植株的生长发育，根、茎、叶、穗、粒诸器官陆续分化建成，植株形态和生理都发生了阶段性变化，最后形成产量。在玉米生产中，依据当地的生态条件及生产水平，选用优良品种，并根据生长发育与产量形成规律及时采取措施，促控结合，加强管理，才能达到高产优质高效的目的。

一、玉米的一生

玉米从播种至新的种子成熟为玉米的一生。它经过种子萌动发芽、出苗、拔节、孕穗、抽雄开花、丝、受精、灌浆，直至新的种子成熟，才能完成其生活周期（图2-1）。

二、生育期与生育周期

（一）生育期

一般将玉米从播种到成熟所经历的天数称为全生育期，而将出苗至成熟所经历的天数称为生育期。生育期长短与品种特性和环境条件等因素有关。

某一品种整个生育期间所需要的活动积温（生育期内逐日≥10℃平均气温的总和）基本稳定，生长在温度较高条件下生育期会适当缩短，而在较低温度条件下生育期会适当延长。联合国粮农组织的国际通用标准将玉米熟期类型分为8组。我国生产上一般划分为早熟、中早熟、中熟、中晚熟和晚熟5类（表2-1）。

图 2-1　玉米的一生

表 2-1　宁夏原州区玉米品种熟期类型

类型	生育期（天）	叶片数（片）	≥0℃的积温（℃·d）	代表性品种
早熟	≤104	14~16	≤2 400	冀承单3号，内早9号，源玉3号，白上7号，酒单3号，德美亚1号，克单10号，克单8号，绥玉7号，垦单13号，嫩单13号，德美亚3号，新玉10号，利马28
中早熟	105~114	15~18	2 400~2 550	吉单27，哲单37，长城799，长城706，垦单10，龙13，绥玉10，酒单4号，新玉35，金穗3号
中熟	115~124	17~20	2 550~2 700	迪卡565，哲单37，哲单39，承706，丰田6号，吉单27，金穗7号，承单20，辽单31
中晚熟	125~134	19~22	2 700~2 900	郑单958，先玉335，浚单20，沈单16，宁单11，正大12，西蒙6号，五谷704，酒单688，金穗8号，富农1号，辽单121，华农101
晚熟	≥135	21~25	≥2 900	丹玉39，登海9号，北玉288，丹玉402，丹玉405，永玉22223号，金凯2号，豫玉22，东单60，沈玉88

　　宁南山区旱作玉米区种植方式以玉米覆膜、单作、春播为主，由于生态条件变化明显。无霜期由南向北递增，玉米主要种植区的无霜期 120~165 天；活动积温由南向北、由西向东递增，平均在 2 500~3 100℃。

（二）生育时期

玉米一生中，外部形态特征和内部生理及代谢均会发生阶段性变化，这些阶段称为生育时期。当50%以上植株表现出某一生育时期特征时，标志全田进入该生育时期（表2-2），主要有：

播种期。播种的日期。宁南山区播种期一般在4月上旬至4月中下旬。

出苗期。种子发芽出土，第一片真叶开始展出的日期。这时幼苗高度达到2～3cm。当地一般在4月下旬至5月上旬。

三叶期。第三片叶露出心叶2～3cm，是玉米不再依靠胚乳生长期。

拔节期。植株近地面处用手摸可感到有茎节，茎节总长度达2～3cm时，称为拔节。此时叶龄指数约30%（叶龄指数 = 展开叶片数/叶片总数×100%），雄穗生长锥开始伸长。拔节期标志着植株茎叶已全部分化完成，将开始旺盛生长，植株生长由根系为中心转向茎、叶为中心，同时生殖生长开始，是玉米生长发育的重要转折时期之一。

大喇叭口期。该时期有5个特征：一是棒三叶（果穗叶及其上、下两叶）开始甩出但未展开。二是心叶丛生，上平（上部各叶片最高处近在同一平面）、中空，侧面形状似喇叭。三是雌穗进入小花分化期，雄穗进入花粉母细胞减数分裂期。四是最上部展开叶与未展开叶之间，在叶鞘部位能摸到发软而有弹性的雄穗。五是叶龄指数为60%左右。

大喇叭口期是玉米进入需水肥强度最大期的标志，是玉米一生施肥、灌水最重要是管理时期。

抽雄期。雄穗尖端从顶端露出时，谓之抽雄。此时，叶片全部可见，叶龄指数达到90%～100%，茎基部节间长度和粗度基部固定，雄穗分化已经完成。

吐丝期。雄穗花丝自包叶抽出。正常情况下，玉米吐丝期比雄穗开花期推迟1～3天或同步，抽雄期前10～15天遇干旱（俗称"卡脖旱"）则开花期延后，严重时会造成花期不育，影响授粉受精，果穗结实不良。

灌浆期。从受精后籽粒开始发育并积累同化产物至成熟，统称灌浆期。灌浆期又可分若干个阶段，即籽粒建成期、乳熟期、蜡熟期、完熟期。

表 2 - 2　玉米各生育时期特征

播种	出苗期	三叶期	拔节期

播种当天的日期	第一真叶开始展开或幼苗出土高约2cm的日期	第三片叶露出叶心 2 ~ 3cm，是玉米离乳期	雄穗生长锥伸长，植株近地面手摸可感到有茎节，茎节总长达到 2 ~ 3cm，一般处于6 ~ 8叶展开期
小喇叭口期	大喇叭口期	抽雄散粉期	吐丝期

雌穗生长锥进入伸长期，雄穗进入小花分化期，一般处于8 ~ 10叶展开期	雌穗开始小花分化，雄穗分化进入四分体期，棒三叶甩出但未展开；心叶丛生，上平中空，侧面形状似喇叭，一般处于11 ~ 13叶展开期	植株雄穗尖端露出顶叶3 ~ 5cm。一般抽雄后2 ~ 3 天，花药开始散花粉	雌穗的花丝从苞叶中伸出2cm左右

灌 浆 成 熟

从受精后籽粒开始发育至成熟，统称为灌浆期。整个灌浆过又可分为4个阶段。

籽粒建成期	乳熟期	蜡熟期	完熟期
		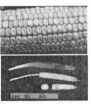	
自受精起12 ~ 17天，籽粒呈胶囊状、圆形，胚乳呈清浆状	籽粒开始快速积累同化产物，在吐丝后15 ~ 35天，胚乳呈乳状后至糊状	籽粒开始变硬，大约吐丝后35 ~ 50天，胚乳呈蜡状，用指甲可划破	果穗苞叶枯黄松散，籽粒干硬，基部出现黑色层，乳线消失，并呈现出品种固有的颜色和色泽。在吐丝后45 ~ 65 天

注：部分图片引自 http：//www. extension. iastate. edu/hancock/info/corn. htm

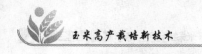

三、玉米的器官

玉米为禾本科一年生草本植物，其植株由根、茎、叶和雌穗、雄花序五个部分组成（图2-2，图2-3，图2-4）。

（一）根

1. 根的种类及其生长

玉米为须根系，它是由初生次生根和气生根组成的。

初生根又称种子根，胚根或临时根。种子萌发时，最先由种胚伸出的是一条主胚根，以后形成3~5条侧胚根。初生根很少分枝，一般垂直向下生长，吸收水分、养分供给幼苗需要。当次生根系大量形成后，初生根的作用即相对减小。

次生根又叫节根，不定根和永久根。玉米2~3片叶后，次生根从密集的地下茎节，由下而上一层层轮生，4~7层，也有多达8~9层的：通常，一株玉米有50~100条次生根，最多可达120条。初生根节与第一层次生根节的间距叫根间，又称地中茎。一般北方玉米根间较长，南方较短；播种深的根间较长，反之，根间较短。苗期形成的第一至三层甚至五层次生根，层距极小，其余各层于拔节后产生，层距渐大。次生根的生长和根位密切相关，根层节位越高，每层根数越多、直径越大，但入土较浅，反之，根数较少，根纤细，入土较深。

气生根，又名支持根、支柱根（霸王根）。玉米抽雄穗前后，从近地面的地上茎节处发生，一般2~3层，多者4~5层。气生根粗壮坚韧，分枝多，受光部分呈紫绿色，入土后与次生根具有相同的作用。次生根和气生根可统称节根。

节根由下而上相继发育形成，并与株龄，叶数有一定的相关性。据观察，夏播中晚熟杂交玉米，一般每5天，或每展开2片叶左右，可增生一层节根。因此，在一定时期内，可用玉米株龄或叶数推算节根层数。

节根能产生许多越来越细的分枝根。根的尖端部分称根尖；其上密生根毛，平均每平方毫米约有400个，它是由表皮细胞向外突起形成的，能分泌有机酸类，并吸收水分和养料。玉米根系干重虽只占株重的12%~15%；但如果把全部根都连接起来，总长度可达数千米。

根系在土壤中，入土深度通常为1m左右，最深可达2m左右，但是70%以上的根系多集中在0~30cm土层中，水平延伸，直径50~70cm。1~3层的节根一般先以水平方向延伸，而后下扎，四层以上的节根则先斜向生长，而后垂直向下。

根系的发育和内、外因素密切相关。实践证明：在土壤肥沃、水分适中、通气性良好，合理密植的条件下栽培，能促进玉米根系健壮发育。就种子而言，大粒种子的根量，则显著多于小粒种子的根量。深中耕松土的玉米，根数多，入土深。

2. 根的结构和作用

玉米根的构造，包括表皮、皮层和中柱 3 部分。其生理功能主要是由根毛及根尖表皮细胞从土壤中吸收水分和无机营养，水分和无机营养经皮层到达木质部导管，再被输送到茎、叶、穗、粒中去。同时，地上绿色组织合成的有机物质，经过筛管到达根部，供根生长。所以，中柱组织是水分和有机、无机养料的输送管道。此外，玉米根系还有转化糖成为有机酸并产生多种氨基酸和合成蛋白质的功能。

（二）茎

茎是植株的骨架，多数品种只有一个主茎。玉米的茎由许多节和节间构成。节数与品种生育期长短密切相关，我国大多数地区种植的中早熟、中熟和中晚熟品种，有 17~25 个节。茎基部的 4~6 个节比较密集，节间不伸长，位于地面以下，在这些节上着生次生根，有的长出分蘖。地上部茎节节间不同程度的伸长。节间生长的速度与栽培条件密切相关，温度高、养分和水分充足，则茎生长迅速。

1. 茎的组成及生长

玉米茎由节和节间组成。茎节的数目一般为 12~24 个，其中，茎基部 4 个或 6 个节（因品种而异）几乎密集在一起，着生在土表下 0~3cm 处，其余各节生长在地上部。同一品种在同一地区种植，节数无明显变化。玉米节间的长度，一般是基部节间短粗，穗位以下的邻位节间最长，往上则逐节变短变细，玉米靠近地面 2~3 个节间短粗，根系发达，植株健壮，则是丰产抗倒伏的长相。

玉米全部茎节，在拔节前雄穗生长锥伸长时，即已分化形成。但节间尚未显著伸长，茎顶端生长锥及茎节仍处在土表以下。每个节间基部都有节间分生组织，茎的生长就是靠节间分生组织在一定时间里分裂、分化来完成的。节间分生组织只能在一定时间内进行生长活动，细胞老熟后，分化、生长活动即行停止，节间也就不再继续增粗加长了。

玉米节向上生长有一定的顺序性，一般是由下而上依次进行，每个节间的伸长速度，由慢转快，而后又慢，呈"慢—快—慢"的单峰曲线规律。

了解玉米茎和节间生长规律，是搞好管理，培育状苗，夺取高产的重要措施之一。

2. 茎的结构及功能

玉米茎的解剖结构，最外层称表皮，它是一层胞壁增厚、硅质化程度较高，排列紧密的细胞。表皮内是机械组织，包括多层硅质化的厚壁细胞。表皮和机械组织有保护和加固茎秆的作用，并使叶、穗按一定图式分布，以便充分进行光合作用。表皮和机械组织以内排列着疏密不同的薄壁细胞，称基本组织，它像仓库一样，有暂时贮存养分的作用。基本组织中纵向平行分布着众多有木质部、韧皮部，没有形成层的有限维管束，它是地下与地上器官间水分、养分输送管道，并有增加茎秆支持力的作用。

（三）叶

叶由叶片、叶鞘和叶舌构成，每个茎节着生一片叶，叶鞘紧包着茎秆，叶片伸出，互生而相对排列成 2 列叶序。玉米叶片的生长与植株各个器官的生长发育有同伸关系。

1. 叶的形态、结构及功能

叶片：是由表皮、叶肉和维管束构成的。表皮，分上下表皮，其上有许多哑铃形的小孔，称为气孔，它能自动启闭，与外界进行气体交换。据研究，叶片表面每平方厘米约有气孔 17 000 余个，一株玉米的气孔多达 1 亿个以上。叶的上表皮有特殊的大型细胞，称运动细胞，其细胞壁薄，液泡很大，当天气干旱，供水不足时，运动细胞失水，体积变小，叶片即向上卷缩成筒状，以减少水分散失。叶内位于上下表皮之间，其细胞里有许多叶绿体，内含叶绿素，它是制造有机物质的主要器官。叶片中的叶脉，系维管束组织，它是叶内水分、养分输送的管道。

叶鞘：质地坚韧，紧包节间，有加固茎秆的作用。

叶舌：位于叶片与叶鞘交接处，系一无色薄膜，紧贴在茎秆上，能防止水分、灰尘、害虫等侵入茎鞘间隙之中。

叶片的功能主要是进行光合、蒸腾和吸收作用。

光合作用：系叶绿体在太阳能的作用下，将二氧化碳和水合成碳水化合物并放出氧气。叶片如同工厂的车间，叶绿体是机器，阳光为动力，二氧化碳和水为原料，产品是糖和氧气。糖转化后可合成蛋白质、脂肪等有机物质，所以光合产物是构成产量的物质基础。

叶的光合能力：一般用光合生产率或净同化率表示，即每平方米绿叶，除去呼吸消耗外，所产生的干物质克数。玉米叶的光合生产率，一般为 5 ~ 10g/ $(m^2 \cdot 日)$，高的达 13g/ $(m^2 \cdot 日)$，低的不足 1g/ $(m^2 \cdot 日)$，甚至合成量会少于消耗量。光合生产率的高低与光照、温度、水分、二氧化碳等外界条件以及叶片、生理功能密切相关。在一定范围内，光照强，温度高，水及二氧化碳充足时，光合生产率就高，有机物质的合成积累量就多；反之，阴雨、低温，密度过大，遮荫过重，气体交换受到限制、土壤干旱，病（虫）危害等都会导致光合生产率下降。据用同位素测定玉米不同节位叶片相对光合强度表明，开始衰老的叶片和幼嫩叶片光合能力较低，新生的叶片光合能力最强。

蒸腾作用：是绿叶通过气孔散发汽态水的过程。一株玉米一生中失水的蒸腾量约200kg，盛夏时每株一天蒸发的水分为2～4kg。另外，叶表皮细胞和气孔还具有吸收作用，它能吸收溶解在水里的氮、磷、钾及生长激素，因此根外追肥能为植物吸收利用。

2. 叶的生长和分组

叶片生长速度，即各叶片的平均日增面积，以 cm^2/日表示，增叶快慢，是邻位叶片展开相隔的天数，以天/片表示。玉米叶的生长，一般下部叶片生长速度慢；而增叶速度快；中下部叶片生长速度逐叶增加，但增叶较慢；中上部叶片，靠近穗位各叶生长速度最大，出叶快慢一般，时间变化最小；上部叶片，生长速度下降，增叶较快。

叶片功能期，是叶片从伸展到枯黄的天数，亦可比喻为叶片的劳动天数。功能期是分析叶工作情况的重要生理依据。

叶片光合势可比为"劳动工日"，即叶片参加"劳动"面积的总和，以公式表示即：

$$叶片光合势（m^2 \times 日）= 叶面积（m^2）\times 功能期（天数）$$

（四）花序

玉米是雌雄同株异花，雄花序着生在植株顶端，雌花序着生在植株中部叶腋内的节上，一般雄花序比雌花序早3～4天开花。玉米的雄花序又称雄穗或天花，由主轴和若干个分枝组成。玉米的雌花序又称雌穗，受精结实后成为果穗。雌花序的花丝露出苞叶，就是开花，也称吐丝。玉米雌穗由腋芽发育而成，每个茎节上的叶鞘内都有一个腋芽，一般最上部的4～5个节上的腋芽被抑制而不能分化，其他节上的腋芽都能不同程度地生长分化，但通常只有上部第6～7个节上的1个或2个腋芽能分化成雌穗，最后能吐丝结实。其他节上的腋芽，从上向下依次在不同时期自行停止生长分化。

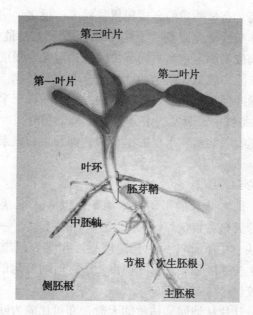

图 2-2 玉米的幼苗

图 2-3 玉米的植株

雄穗　　　　　　　　花药　　　　　　　　花丝

气生根（地上节根）　　　　穗轴　　　　　　　果穗

图2-4　玉米器官

第二节　玉米生长发育与光照、温度

一、玉米对光照的要求

（一）玉米对光照强度的要求

玉米是喜光作物，属于 C_4 植物，与水稻、小麦等 C_3 作物相比玉米光饱和点较高。小麦和水稻等 C_3 植物光合有效辐射（波长 $400 \sim 700nm$ 范围的辐射）为 $800 \sim 1\,000\mu mol/（m^2 \cdot s）$ 时，即达到光饱和点，试验证明玉米在光合有效辐射达到 $2\,000\mu mol/（m^2 \cdot s）$ 时，也未曾测得光饱和点（图2-5）。

一般来说，属 C_3 植物的小麦和水稻在正常充分的光照条件下净光合强度（CO_2）为 $15 \sim 30\mu mol/（m^2 \cdot s）$，而玉米净光台强度（$CO_2$）则可以达到 $30 \sim 60\mu mol/（m^2 \cdot s）$。玉米在高光强下表现出高光效的特点。其原因之一是在自然充分光照条件下，基本不存在光抑制。玉米的高光饱和点和高光合速率有利于有机物质的积累和籽粒产量的形成，从而表现出较高的物质生产和产量水平。

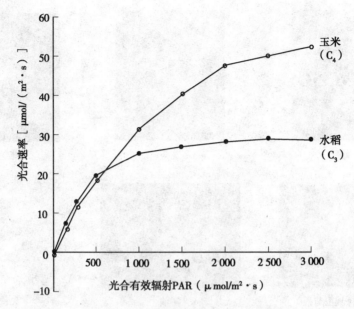

图2-5 光照强度对玉米、水稻叶片
速率的影响（赵明2002）

（二）玉米对光照时数的要求

玉米属于短日照作物。玉米出苗后，如长期处在短日照条件下，发育加快、植株矮小、提早抽雄、开花而降低产量；如长期处在长日照条件下，植株增高、茎叶繁茂、抽雄开花期延迟，甚至不能开花结实。玉米保证正常的生长发育，一般要求日照时数播种至乳熟每天至少为7~9h，乳熟至成熟每天要大于8h。在保证正常成熟的条件下，日照时数多，光照强，则产量高。在品种的引种中要特别注意品种对光照时数的要求。一般我国南方玉米品种向北方引种时，往往由于日照长和温度低造成生育期延迟，植株高大，叶数增加。北方的品种向南方引种时，结果相反。但这种反应还因品种的特性而异。

二、玉米对温度的要求

（一）玉米全生育期对温度的要求

玉米原产于热带，在系统发育过程中形成了喜温的特性。玉米的生物零点温度为10℃，在整个生育期间只有达到品种要求的一定的有效积温才能正常生长发育达到成熟。有效积温的要求是划分品种类型的一个重要指标。划分的标准春玉米与夏玉米有所不同。夏玉米生长发育较快，指标略低于春玉米。一般来说，品种一生所需的有效积温相对稳定，温度较高时，生育期相应缩短，相反，则生育期延长。玉米对温度的反应除了生育期长短的变化外，还与许多生理过程有关，特别是温度过高或过低都会因造成生理障碍导致生长发育受阻，严重的导致产量明显降低。如宁南山区有些年份在春季出现低温冷害，或在夏季出现的高温造成的授粉不良和籽粒败育等现象，对玉米生产都会造成严重的损失。

（二）玉米各生育阶段对温度的要求

玉米在不同的生长发育阶段对温度的要求也有所不同。

1. 播种至出苗

玉米种子发芽要求的温度范围较宽。最低温度为 6～7℃，春玉米的最适温度为 10～12℃，28～35℃时发芽最快。生产上通常把土壤表层 5～10cm 温度稳定在 10℃以上的时期作为春播玉米的适宜播期。晚播耽误农时，过早播种又易引起烂种缺苗。

2. 出苗至拔节

玉米出苗适宜温度为 15～20℃，温度过低生长缓慢，过高苗旺而不壮。由于玉米苗期是以根系生长为主，因此，土壤温度状况对根系的生长发育有很大影响，土壤温度在 20～24℃时，对玉米根系的生长发育较为有利。当土壤温度较低时，即使气温适宜，也会影响根系的代谢活动，抑制磷向地上器官的转移和各种含磷有机物的合成。磷素营养不足又影响植株体内的氮素代谢，致使玉米苗色变黄、变红，同化减弱，生长迟缓。当地温下降到 4.5℃时，玉米根系生长完全停止。玉米苗期对低温有一定的抵抗能力。幼苗在 -3～-2℃时，虽然会受到伤害，但及时加强管理，或低温持续时间短，气温回升快，植株还可恢复生长，对产量不会有显著影响。

3. 拔节至抽雄

春玉米在日平均温度达到 18℃时开始拔节。拔节至抽雄期的生长速度在一定范围内与温度成正相关。穗期在光照充足，水分、养分适宜的条件下，日平均温度为 22～24℃时，既有利于植株生长，也有利于幼穗发育。

4. 抽雄至授粉

玉米花期要求日平均温度为 26～27℃，此时空气湿度适宜，可使雄、雌花序开花协调，授粉良好。低于 18℃时，不利于开花授粉。当温度高于 32～35℃，空气湿度接近 30%，土壤田间持水量低于 70% 时，雄穗开花持续时间缩短，雌穗抽丝期延迟，而使雌雄花序开花间隔时间拖长，易造成花期不能相遇。同时由于高温干旱，花粉粒在散粉后 1～2 小时内即迅速失水（花粉含 60% 水分）甚至干枯，丧失发芽能力。花丝也会过早枯萎，寿命缩短，严重影响授粉，造成秃

顶、缺粒。遇上述情况，应及时浇水提高土壤湿度，改善田间小气候，减轻高温干旱的影响。

5. 授粉至成熟

玉米籽粒形成和灌浆成熟期间，仍然要求有较高的温度，以促进同化作用。玉米成熟后期，温度逐渐降低，有利于干物质的积累，此期最适宜于玉米生长的日平均温度 12～24℃。在此范围内，温度越高，干物质积累越快，千粒重越大。当温度低于 16℃，玉米的个光合作用降低，淀粉酶的活性受到抑制，影响淀粉合成、运输和积累，导致粒重降低，影响产量。

第三节　玉米的生长发育与需水量

一、玉米的需水量

需水量也称耗水量，是指玉米生长期内所消耗的水量，即指玉米在一生中棵间土壤蒸发和植株叶面蒸腾所消耗的水分（包括降水、灌溉水和地下水）总量。玉米是用水比较经济的作物之一。各生育阶段的蒸腾系数在 250～500。因为玉米植株比较高大，一生制造的干物质比较多，而且生育期多处于高温季节，所以，绝对耗水量很大。玉米全生育期需水量受产量水平、品种特性、栽培条件、气候等诸多因素的影响。一般来说，玉米一生的耗水总量（春玉米）为 2 550～6 000m^3/hm^2。

（一）产量水平与需水量

试验证明，在一定范围内玉米的需水量随着籽粒产量水平的提高而逐渐增多。但产量增加到一定程度后，耗水量增长的比值逐渐减少。表现为玉米对水分的利用效率随产量的提高而提高，产量越高用水越经济。一般每生产 1kg 籽粒约耗水 0.6m^3。

（二）品种与需水量

玉米需水量受品种影响。品种不同，其生育期、植株大小、单株生产力、吸肥耗水能力、抗旱性等均有差异，其耗水量也不同。即使在同一产量水平，对水分消耗也不同。生育期长的晚熟品种，一般植株高大、叶数多、叶面积大，因而叶面蒸腾量大、棵间蒸发和叶面蒸腾持续期相对加长，耗水量也较大。反之，生育期短的早熟品种耗水量则较小。此外，抗旱性强的品种，叶片蒸腾速率低于一般品种，消耗的水分也比不耐旱的品种要少。

（三）栽培措施与需水量

施肥、灌水、密度和田间管理等栽培措施都是影响玉米需水量的因素。在相同生态条件下，增加施肥量可促进植株根、茎、叶等营养器官生长，不仅增强了根系对深层土壤水分的吸收，同时也增加了蒸腾面积和植株蒸腾作用，从而使耗水量增加。灌水次数越多，每次灌水量越大，玉米实际的耗水量越高。如果灌水方法不科学，更会加大玉米耗水量，降低水分利用效率。在一定范围内，密度增加会因群体叶面积和蒸腾量的相应增多，使总耗水量有加大的趋势。中耕可以切断土壤毛细管，避免下层土壤水分向空间蒸发。中耕的除草作用亦减少了水分的无效消耗。地面加盖覆盖物如地膜、秸秆等，可减少土壤水分蒸发，从而降低玉米总耗水量。

（四）土壤条件与需水量

土壤质地不同，保水能力强弱有差别。一般沙性或黏性土都会使耗水量增加，而壤土的保肥、保水能力强，在同样条件下比沙土和黏土玉米耗水量少。另外，土壤水分状况对玉米需水量也有影响。一般土壤含水率越高，玉米叶片蒸腾和棵间蒸发越大，耗水量也相应增多。

（五）气候条件与需水量

凡能影响玉米棵间蒸发和叶面蒸腾的气候条件，均可使玉米需水量发生变化。一般在相同栽培条件下，玉米生育期内气温高、空气相对湿度小、光照强度大、日照时数长、风力大等气象因素综合作用的结果，均会导致地面蒸发和叶面蒸腾作用增强，总耗水量增多。

二、玉米的需水规律

玉米的需水量是玉米本身生物学特性与环境条件综合作用的结果。在一定产量条件下、在一定区域内是个相对稳定的数值，它既是玉米栽培管理制定灌溉制度的依据，也是农田水利工程设计和渠灌区地表水资源宏观调配的基本参数。由于玉米各个生育阶段历时长短、植株生长量、地面覆盖度以及气候变化等诸多因素的影响，不同生长阶段对水分消耗有一定的差异。玉米一生需水动态基本上遵循"前期少，中期多，后期偏多"的变化规律。

玉米是 C_4 作物，需水系数较低，但由于植株高大，属于耗水较多的作物，除苗期可适当控水进行蹲苗外，自拔节到成熟都应保证良好的水分供给。玉米需水量一般为每 $667m^2$ 变化在 $400\sim700mm$，玉米需水高峰期为 7 月上旬至 8 月下旬，即拔节至抽穗阶段，日耗水量达 $4.5\sim7.0mm/d$。玉米生育期棵间蒸发量分别占需水量的 50% 和 40%。每生产 1kg 籽粒所消耗的水量称为耗水系数，亦称

需水系数，玉米的耗水系数因品种和产量水平而异，通常为400~600，随产量水平的提高，耗水系数呈下降趋势。

玉米苗期与中后期相比，有较强的抗旱能力，同时由于植株小，耗水强度低，需水也较少，只占一生的18%~19%，适当干旱（蹲苗）有增产作用，在保证出苗的前提下一般不需浇水；拔节后，随着植株长大，耗水强度越来越大。此时，玉米的根、茎、叶进入旺盛生长阶段，同时雌、雄穗开始生长发育，营养体对缺水最敏感。穗期需水较多，占一生的37%~38%；到吐丝期，耗水强度最大，对缺水最敏感。吐丝至籽粒形成期，对缺水的敏感程度仅次于吐丝期，占一生需水的43%~44%。抽雄前10天至抽雄后20天（大喇叭口期至灌浆期）是玉米需水临界期，如干旱靠近抽雄期则减产明显，特别是"卡脖旱"（发生在玉米大喇叭口期至抽雄期的干旱）。抽雄至灌浆需水达一生高峰，缺水减产最多。从乳熟期至完熟，耗水强度降低，但此时仍然需要大量的水分。缺水可造成穗粒重降低而减产，因此，后期应保持土壤中较高水分含量。

播种时土壤田间持水量保持在70%~80%，才能保证全苗，低于55%出苗不齐，高于80%出苗率下降；出苗至拔节，需水增加，土壤水分应控制在田间持水量的60%~70%，为玉米苗期蹲苗、促根生长创造条件；拔节至抽雄需水剧增，抽雄至灌浆需水达到高峰，开花前8~10天开始，30天内的耗水量约占总耗水量的一半。该期间田间水分状况对玉米开花、授粉和籽粒形成有重要影响，要求土壤保持田间最大持水量的80%左右为宜，是玉米的水分临界期；玉米花期田间持水量小于60%开始受旱，小于40%为严重旱害，将造成花粉死亡，花丝干枯，不能授粉，玉米花期适宜土壤田间最大持水量以70%~80%为宜。灌浆至成熟耗水仍较多，乳熟以后逐渐减少。因此，要求在乳熟以前土壤仍须保持田间最大持水量的70%~80%，乳熟以后则保持在60%~80%。

三、玉米的灌溉技术

（一）灌水时期

底墒水。玉米播种前应灌好底墒水以利于出苗。冬灌或春灌每1hm² 需800~900m³。

大喇叭口期灌水。结合施肥进行灌溉，使0~80cm的土壤保持在田间最大持水量的70%~80%。灌水后要进行培土，地膜覆盖则在两垄（两膜）之间浇灌，不需培土。

抽雄开花期灌水。使土壤水分保持在田间最大持水量的80%，可以增加行间湿度，提高花粉生活力，有利于授粉提高结实率，增强光合作用强度，使更多养分向果穗中转移。研究表明，开花期干旱不灌水会大幅度减产。

粒期灌水。本地各个生态区域进入秋季雨水偏多，应适量灌溉，使土壤水分保持在田间持水量的 70% ~ 75%，可防止叶片早衰，延长功能期，提高光合强度。

不同生育时期玉米的需水量不同，灌溉的增产效果也不同。拔节水主要作用在于改善孕穗期间的营养条件，特别有利于防止小花退化和提高结实率。灌浆水的作用主要是防止后期叶片早衰和提高叶片光合效率。在拔节和灌浆各灌一水增产作用最大。由此可见，在有灌溉条件的地区如能同时在拔节期和灌浆期灌 2 次水对增产最为有利。

（二）灌水方法

有畦灌、沟灌和喷灌 3 种方法。畦灌一般自流灌区畦长 30 ~ 100m，畦宽应与农业机具工作宽度相适应，多为 2 ~ 3m。畦灌适宜地面坡度（单位水平地面长度的垂直高度差）为 0.001° ~ 0.003°角。沟灌为在玉米行间开沟灌水或直趟，沟灌适宜的坡度为 0.003°左右。灌水沟的间距应结合玉米的行距和土质来确定。喷灌不产生深层渗漏和地表径流而节水，对地形适应性强，有明显的增产效果。为保证喷灌质量，应根据当地土壤和生育时期确定喷灌强度，如沙土、沙壤土、壤土、黏土，其喷灌强度分别为 20mm/h、15mm/h、12mm/h、8mm/h。

第四节　玉米的需肥特性

一、玉米必需的矿质元素

玉米进行正常生长发育的必需矿质元素中，大量元素为氮、磷、钾；常量元素为钙、镁、硫；微量元素为铁、锰、铜、锌、钼、硼等。生产实践中，在重视氮、磷、钾肥施用（表2-3）的前提下，应充分考虑常量元素和微量元素的作用，特别应注意主要矿质元素间的平衡施用。

表 2 – 3　玉米不同条件不同产量水平对氮、磷、钾的吸收量（王庆成，1990）

籽粒产量（kg/km²）	N		P_2O_5		K_2O	
	吸收量（kg/km²）	100 籽粒吸收量（kg）	吸收量（kg/km²）	100 籽粒吸收量（kg）	吸收量（kg/km²）	100kg 籽粒吸收量（kg）
1 699.5 ~ 3 000	37.5 ~ 96.0	2.21 ~ 3.85	13.05 ~ 54.8	0.77 ~ 1.80	17.55 ~ 91.50	0.99 ~ 2.44
3 000 ~ 6 000	90.0 ~ 241.5	1.79 ~ 4.43	37.5 ~ 90.0	0.78 ~ 1.73	61.00 ~ 199.7	1.38 ~ 3.41
6 000 ~ 9 000	154.1 ~ 241.5	2.14 ~ 3.76	49.95 ~ 96.30	0.77 ~ 1.44	109.95 ~ 271.6	1.61 ~ 3.66

（续表）

籽粒产量 （kg/km²）	N		P₂O₅		K₂O	
	吸收量 （kg/km²）	100 籽粒吸 收量（kg）	吸收量 （kg/km²）	100 籽粒吸 收量（kg）	吸收量 （kg/km²）	100kg 籽粒吸 收量（kg）
9 000～120	187.1～264.0	1.97～2.79	60.0～94.5	0.63～1.03	190.5～448.5	1.42～3.83
12 000～1 500	228.0～273.0	1.70～1.87	73.50～132.9	0.50～0.99	256.2～300.8	1.75～2.32
15 000～18 966	385.95	2.03	160	0.85	445.65	2.35

注：本表为笔者以国内外不同条件下试验结果的汇集。

二、玉米的需肥量

玉米的矿质元素吸收量是确定玉米施肥的重要依据。研究结果表明，玉米一生对矿质元素吸收最多的是氮素，其他依次为钾、磷、钙、镁、硫、铁、锌、锰、铜、硼、钼。据研究表明，玉米生产百 kg 籽粒需要大量元素的基本数量与比值为：氮∶五氧化二磷∶氧化钾为 2.5（kg）∶1.0（kg）∶2.5（kg）。据此并参照产量目标可以估算出玉米的需肥量。另外，在确定玉米需肥量时还要考虑以下几个因素：

1. 产量水平

玉米在不同产量水平条件下对矿质元素的需求嗣存在一定差异。一般随着产量水平的提高，单位面积玉米的氮、五氧化二磷、氧化钾吸收总量亦随之提高，但形成 100kg 籽粒所需的氮、五氧化二磷、氧化钾量却下降，肥料利用率提高。相反，在低产水平条件下形成 100kg 籽粒所需的矿质元素增加。因此，确定玉米需肥量时应当考虑到产量水平间的差异。

2. 品种特性

不同玉米品种间矿质元素需要量差异较大。一般生育期较长植株高大，适于密植的品种需肥量大；反之，需肥量小。

3. 土壤肥力

肥力较高的土壤，由于含有较多的可供吸收的速效养分，因而植株对氮、五氧化二磷、氧化钾的吸收总量要高于低肥力土壤条件，而形成百 kg 籽粒所需氮、五氧化二磷、氧化钾量却降低，说明培肥地力是获得高产和提高肥料利用效率的重要保证。

4. 施肥量

一般随施肥量增加产量水平亦随之提高，形成 100kg 籽粒所需的氮、五氧化二磷、氧化钾量亦随施肥量的增加而提高，肥料养分利用率相对降低。

三、各生育时期对氮、磷、钾元素的吸收

玉米氮、磷、钾的吸收积累量从出苗至乳熟期随植株干重的增加而增加，而且钾的快速吸收期早于氮和磷（图2-6）。

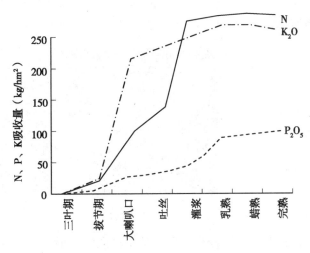

图2-6 玉米对氮、磷、钾元素的吸收

从不同时期的三要素累积吸收百分率来看，苗期0.7%～0.9%，拔节期4.3%～4.6%，大喇叭口期34.8%～49.0%，抽穗期49.5%～72.5%，授粉期55.6%～79.4%，乳熟期90.2%～100%，玉米抽雄以后吸收氮、磷的数量均占50%左右。因此，要想获得玉米高产，除要重施穗肥外，还要重视粒肥的供应。

从玉米每日吸收养分百分率看，氮、磷、钾吸收强度最大时期是在拔节至抽雄期，即以大喇叭口期为中心的时期，日吸收量为一生吸收总量1.83%～2.79%。阶段吸收量，拔节至抽雄期的28天吸收氮46.5%，磷44.9%，钾68.2%。可见，此期重施穗肥，保证养分的充分供给是非常重要的。此外，在授粉至乳熟期，玉米对养分仍保持较高的吸收强度（日吸收量占一生吸收收量的1.14%～2.03%），这个时期是产量形成的关键期。

第五节　玉米生长发育阶段特征及管理要点

一、苗期阶段

从播种期至拔节期经历的天数，历时35～45天，包括种子发芽、出苗及幼

苗生长等过程。

苗期阶段玉米主要进行根、茎，叶的分化和生长。这期间，植株的节根层、茎节及全部分化完成，胚根系形成，长出的节根层数约占总节根层数的50%，展开叶约占品种总叶数的30%。因此，苗期是营养生长阶段；由器官建成的主次关系分析，该阶段是以根系生长为主。（图2-7、图2-8）。

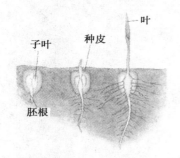

图2-7　幼苗构造

图2-8　种子萌发、出苗

生育特点：为营养生长，种子萌发、顶土出苗，长根、分化茎叶。茎叶生长缓慢，根系发展迅速。

生长中心：种子萌发、出苗、根系生长。

产量构成因素：决定亩穗数。

丰产长相：出苗快、出苗齐；苗全苗齐苗壮，茎扁圆短粗，叶绿根深。

主攻目标：促进根系生长，使根系增多、增深，培育壮苗，达到苗早、苗全、苗齐、苗壮。

灾害性天气及影响：低温和干旱影响种子萌发、延缓出苗；晚霜延缓出苗，已出苗的可能受冻害；低温延缓幼苗生长；干旱推迟拔节和雌雄穗生长。

主要措施：适期、精细播种，一播全苗；适时间苗、定苗；防虫保苗；搞好铲趟，深松土提温，除蘖打丫；施用提苗肥；干旱严重地块，及时补充灌水。

二、穗期阶段

从拔节期至大喇叭期雄穗开花期一段时间为穗期阶段，历时30~55天（图2-9）。在穗期阶段，玉米根、茎、叶等营养器官旺盛生长并基本建成，一般增生节根3~5层，占节根总层数的50%左右，而根量增加却占总根量的70%以上；节间伸长，加粗、茎秆定型；展开叶片数约占总叶数的70%。在该阶段，玉米完成了雄穗和雌穗的分化发育过程。可见，穗期是营养器管生长与生殖器官分化发育的并进阶段。

图 2-9　拔节（左）大喇叭（右）

约有 6 片展开时，所有叶片都已分化完成，茎顶端生长锥开始伸长，开始拔节，这时候，幼苗已具有 4 层（16～20 条）次生根和一个比较发达的叶面积，吸收肥水和光合作用能力大为增强，生育速度显著加快。大约在一个月内，茎秆就由地表一直伸长到 250cm 左右，干物质重可增加 20～30 倍，此时段内要求有充分的肥水供应，特别是第十三至第十四片叶展开后的大喇叭口期，正值雌穗小穗小花分化和雄穗花粉形成的重要阶段，上部叶片和节间生长迅速而集中，对肥水条件反应非常敏感，应该肥水齐攻。该阶段干旱，缺肥，会造成根、茎、叶长势减弱，营养物质制造减少，从而引起雌穗小花退化和雌、雄穗花期不遇等，最终导致减产。

生育特点：营养生长与生殖生长并进。

生长中心：根茎叶生长、雌穗分化。

产量构成因素：决定穗粒数。

丰产长相：茎粗、节短、叶茂、根深，植株健壮，生长整齐。

主攻目标：促叶、壮秆，达到粒多、穗大。

灾害性天气及影响：六叶展期逆境胁迫会影响未来果穗穗行数与穗粗。抽雄期逆境胁迫会减少穗长及每行潜在的粒数。

主要措施：科学运筹肥水，及时治虫，拔除弱小株，中耕培土，穗期追肥

三、花粒期阶段

雄穗开花至籽粒成熟期为花粒期，一般历时 50～65 天，生育时期包括吐丝至完熟，吐丝至灌浆、灌浆至完熟（图 2-10）。从开花期始，玉米进入以开花、吐丝、受精以及籽粒建成为中心的生殖生长阶段，籽粒是玉米该阶段生长的核

心，在营养物质积累中占重要地位。玉米成熟籽粒干物质的80%～90%是绿叶在此阶段合成的，其余部分来自茎叶的贮存性物质和从根系吸收的矿物营养。

图2-10 吐丝（左）、灌浆（中）、成熟（右）

玉米散粉吐丝后营养生长趋于停止，转入以生殖阶段为中心。该阶段玉米生育特点是：茎、叶基本停止增长，雄花、雌花先后抽出，接着开花、受精，胚乳母细胞分裂，籽粒灌浆充实，直至成熟。该期是玉米产量形成、决定粒数和粒重的关键时期。这一阶段田间管理的中心任务是保叶护根，防止早衰，促粒多和粒重。在田间管理上，应保障水肥供应，防止早衰与倒伏，完熟期收获，争取粒多、粒重，实现高产。要根据植株不同生育阶段的基本特点，结合田间植株长势长相，灵活运用促、控措施，协调群体与个体、植株地下生长和地上生长、营养生长与生殖生长间的矛盾，让玉米沿着群体较大、结构合理和壮株、穗大、粒多、粒重的方向发展。

生育特点：生殖生长，开花、授粉、受精，胚乳母细胞分裂，籽粒灌浆充实。

生长中心：籽粒形成、籽粒充实。

产量构成因素：决定粒数和粒积、决定粒重。

丰产长相：叶色深，雌雄穗发育良好，穗大粒多，籽粒饱满成熟。

主攻目标：保叶护根，防止早衰，增强叶片光合强度，促粒多和粒重。

灾害性天气及影响：吐丝期，干旱或多雨等逆境胁迫影响授粉与受精，是逆境对产量影响最大的时期；籽粒形成期和乳熟期逆境胁迫将造成籽粒败育。乳熟期至蜡熟期逆境胁迫造成粒重下降。完熟期逆境对产量没有影响，除非倒伏、引发霉变或虫害等。

主要措施：补追粒肥，有条件的地方补充灌溉，病虫防治，完熟期收获，收获后及时晾晒或烘干。

第三章
玉米栽培技术模式

宁夏原州区水分不足和春季低温是玉米产量增长的主要限制因素。集雨、保墒、秋雨春用和增温是解决玉米水分不足与苗期低温的主要措施。目前，生产中推广的抗旱栽培措施主要有全膜覆盖双垄沟种植、半膜覆盖、滴灌、留膜留茬越冬、改良土壤耕层综合高产技术等（图3–1）。

秋季半膜覆膜　　　　滴灌　　　　秸秆还田覆盖

覆土护膜越冬　　　　集雨补灌　　　　全膜覆盖
双垄集雨沟播

图3–1 原州区玉米关键栽培技术

第一节　全膜覆盖双垄沟播种植模式

全膜覆盖双垄集雨沟播种植模式是宁南农技推广站和原州区农业技术推广服务中心等单位经过多年引进、研究、探索、创新及其配套的旱作节水农业技术体

系，实现了地膜覆盖技术从半膜平铺向半膜垄沟栽培转变、从半膜覆盖向全膜覆盖转变、从半膜平铺穴播向全膜覆盖双垄沟播转变以及从播期覆膜向秋季、早春（顶凌）覆膜转变，适用于宁南山区所有玉米种植区的推广。

玉米全膜双垄集雨沟播种植关键技术流程

选地整地→施肥→土壤消毒→起垄覆膜→覆膜方法→覆后管理→种子准备→播种→苗期管理（出苗—拔节）→中期管理（拔节—抽雄）→后期管理（抽雄—成熟）→适时收获。

一、选地整地

选择地势平坦、土层深厚、土质疏松、肥力中上，土壤理化性状良好、保水保肥能力强、坡度在15°角以下的地块，不宜选择陡坡地、石砾地、重盐碱等瘠薄地（图3-2）。

图3-2 整地

在伏秋前茬作物收获后及时深耕灭茬，耕深达到25~30cm，耕后及时耙耱。秋季整地质量好的地块，春季尽量不耕翻，直接起垄覆膜；秋整地质量差的地块，覆膜前要浅耕，平整地表，有条件的地区可采用旋耕机旋耕，做到地面平整、无根茬、无坷垃，为覆膜、播种创造良好的土壤条件。

二、施肥

全膜双垄沟播技术应加大肥料施用量。一般亩施优质腐熟农家肥3 000~5 000kg（若计划采用一膜两年用，由于第二年施肥困难，第一年农肥施用量应增加为 7 000kg/亩以上），起垄前均匀撒在地表。

　　亩施尿素 25 ~ 30kg，过磷酸钙 50 ~ 70kg，硫酸钾 15 ~ 20kg，硫酸锌 2 ~ 3kg 或亩施玉米专用肥 80kg，划行后将化肥混合均匀撒在小垄的垄带内（图 3 - 3）。

图 3 - 3　施肥

三、土壤消毒

　　地下害虫为害严重的地块，起垄后每亩用 40% 辛硫磷乳油 0.5kg 加细沙土 30kg，拌成毒土撒施，或对水 50kg 喷施（图 3 - 4）。

图 3 - 4　土壤消毒

　　杂草危害严重的地块，起垄后用 50% 乙草胺乳油 100 克对水 50kg 全地面喷施，每垄喷完后及时覆膜。

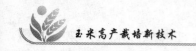

四、起垄覆膜

秋季覆膜。前茬作物收获后，及时深耕耙地，在10月中下旬起垄覆膜。此时覆膜能够有效阻止秋冬春三季水分的蒸发，最大限度地保蓄土壤水分，但是地膜在田间保留时间长，要加强冬季管理，秸秆富余的地区可用秸秆覆盖护膜。

顶凌覆膜或称早春覆膜。在早春3月土壤消冻15cm时，起垄覆膜。此时覆膜可有效阻止春季水分的蒸发，提高地温，保墒增温效果好。可利用春节刚过劳力充足的农闲时间进行起垄覆膜（图3-5）。

图3-5　秋季覆膜和早春覆膜

五、覆膜方法

选用厚度0.008~0.01mm、宽120cm的地膜。沿边线开5cm深的浅沟，地膜展开后，靠边线的一边在浅沟内，用土压实；另一边在大垄中间，沿地膜每隔1m左右，用铁锹从膜边下取土原地固定，并每隔2~3m横压土腰带。覆完第一幅膜后，将第二幅膜的一边与第一幅膜在大垄中间相接，膜与膜不重叠，从下一大垄垄侧取土压实，依次类推铺完全田。覆膜时要将地膜拉展铺平，从垄面取土后，应随即整平；或选用全膜覆盖双垄集雨沟播覆膜机进行机械覆膜（图3-6）。

图 3 - 6 机械覆膜和人工横压土腰带

六、覆后管理

覆膜后 1 周左右，地膜与地面贴紧时，在沟中间每隔 50cm 处打一直径 3mm 的渗水孔，使垄沟的集雨入渗（图 3 - 7）。田间覆膜后，严禁牲畜入地践踏造成地膜破损。要经常沿垄沟逐行检查，一旦发现破损，及时用细土盖严，防止大风揭膜。

图 3 - 7 打渗水孔

七、种子准备

选用良种。所选种子应该达到纯度≥98%，发芽率≥90%，净度≥98%，含水率≤13%，并按照规定进行了种子包衣。

药剂拌种。地下害虫轻、玉米丝黑穗病重的地区，干籽播种时，可选择的药剂有 2% 戊唑醇拌种剂按种子量的 0.3%～0.4% 拌种用。地下害虫重、玉米丝黑穗病也重（田间自然发病率大于5%）的地区，采用2%戊唑醇按种子重量的0.4%拌种，播种时再用辛硫磷颗粒剂2~3kg/亩随种肥下地。

八、播种

播种方法。采用穴播机或点播器按规定的株距将种子破膜穴播在沟内，每穴下籽2~3粒，播深3~5cm，点播后随即踩压播种孔，使种子与土壤紧密结合，或用细沙土、牲畜圈粪等疏松物封严播种孔，防止播种孔散墒和遇雨板结影响出苗（图3-8）。

合理密植。依据土壤肥力状况、降雨条件和品种特性确定种植密度。年降雨量300~350mm的区域以每亩3 000~3 500株为宜，株距为35~40cm；年降雨350~450mm的区域以3 500~4 000株/亩为宜，株距为30~35cm；年降雨量450mm以上区域以4 500~5 000株/亩为宜，株距为24~27cm。肥力较高，墒情好的地块可适当加大种植密度。

图3-8 播种和用细土封住播种孔

九、苗期管理（出苗至拔节）

破土引苗。在春旱时期遇雨，覆土容易形成板结，导致幼苗出土困难，使出苗参差不齐或缺苗，所以在播后出苗时要破土引苗，不提倡沟内覆土。

查苗补苗。在苗期要随时到田间查看，发现缺苗断垄要及时移栽，在缺苗处补苗后，浇少量水，然后用细湿土封住孔眼。

定苗。幼苗达到4~5片叶时，即可定苗，每穴留苗1株，除去病、弱、杂苗，保留生长整齐一致的壮苗。

打杈。全膜玉米生长旺盛，常常产生大量分蘖（杈），消耗养分，定苗后至拔节期间，要勤查勤看，及时将分蘖彻底从基部掰掉（图3-9），注意防止玉米顶腐病、白化苗及虫害。

图3-9　间苗、定苗和打杈

十、中期管理（拔节至抽雄）

当玉米进入大喇叭口期，追施壮秆攻穗肥，一般每亩追施尿素15~20kg。追肥方法可采用玉米点播器或追肥枪从两株中间打孔施肥（图3-10），或将肥料溶解在150~200kg水中，用壶在两株间打孔浇灌50ml左右肥水。玉米全膜双垄沟播后，水肥热量条件好，双穗率高，时常还出现第三穗，应尽早掰除第三穗，减少养分消耗。此期要注意防治玉米顶腐病、瘤黑粉病及玉米螟等虫害。

十一、后期管理的重点是防早衰、增粒重、防病虫

要保护叶片，提高光合强度，延长光合时间，促进粒多、粒重。肥力高的地块后期一般不追肥以防贪青；若发现植株发黄等缺肥症状时，应及时追施增粒肥，一般以每亩追施尿素5kg为宜（图3-11）。

十二、适时收获

当玉米苞叶变黄、籽粒乳线消失、籽粒变硬有光泽时收获。果穗收后搭架或晾晒，防止淋雨受潮导致籽粒霉变，待水分含量降至14%以下后，脱粒贮藏或销售；果穗收后，秸秆应及时收获青贮。

不采用一膜两年用的地块可在秸秆收后，将地膜保留在地里，保蓄秋、冬季

图 3 - 10　追肥

图 3 - 11　施肥防早衰

土壤水份，在第二年土壤消冻后顶凌覆膜时，撤膜、整地、施肥、起垄、覆膜。注意残旧地膜的回收。

第二节　半膜覆盖种植技术模式

选择宽幅 80cm 地膜平覆或起垄 5～10cm，膜面宽度 50～55cm，膜间距 45～50cm，每垄种 2 行，行距 40～45cm，垄沟深松蓄水，抗旱增产效果明显（图 3 - 12、图 3 - 13）。

一、选种

所选种子应该适宜该区域种植的适宜品种，纯度达到 ≥98%，发芽率 ≥

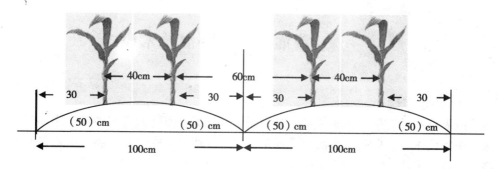

图3-12　玉米大垄双行种植技术

图3-13　半膜与露地种植苗期生长情况

90%，净度≥98%，含水率≤13%，并按照规定进行了种子包衣。

二、播种方法

采用穴播机或点播器按规定的株距将种子破膜穴播在膜面距离膜边3～5cm处，每穴下籽2～3粒，播深3～5cm，点播后随即踩压播种孔，使种子与土壤紧密结合，防止播种孔散墒和遇雨板结影响出苗。

三、合理密植

依据土壤肥力状况、降雨条件和品种特性确定种植密度。年降雨量300～350mm的区域以每亩3 000～3 500株为宜，株距为35～40cm；年降雨350～450mm的区域以3 500～4 000株/亩为宜，株距为30～35cm；年降雨量450mm以上区域以4 500～5 000株/亩为宜，株距为24～27cm。肥力较高，墒情好的地块可适当加大种植密度。

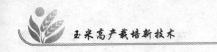
第三节 滴灌与井窖补灌技术模式

一、滴灌技术

滴灌技术目前在设施蔬菜、马铃薯种薯繁育等方面已大面积推广应用，但在玉米等其他作物上只有小面积示范研究，但随着种植结构的调整和有限水资源的高效利用，该技术的应用面积越来越大。

滴灌技术是先进灌水技术和栽培技术的集成，它能在作物需水的任何时候和地点，将加压的水流经过滤设施滤"清"后，经过输水干管（常埋设在地下）、支管、毛管（铺设在行间的滴灌管带），再由毛管上的灌水器将水分、养分均匀持续地运送到作物根部附近的土壤，供作物根系吸收。可减少深层渗漏，降低土壤蒸发和节约用水，与地膜覆膜栽培结合，还具有提高地温、减少棵间蒸发的作用，达到综合节水增产效果。利用滴灌系统施肥，可提高化肥利用效率，提高水分利用效率，减少因过量施肥引起的农田环境污染，提高资源利用率，改善农田生态环境，增加农民收入。

滴灌技术技术要点主要包括两个方面：一是把滴水器铺于地表，及与滴水器配套的首部设施、供水管网、管件等组成的滴灌系统；二是在滴灌条件下的玉米增产增效栽培技术和管理运行方案。需要注意的是，利用滴灌系统施肥，所有要注入的肥料必须是可溶的，同时还要注意不同肥料之间的反应，反应产生的沉淀物有可能堵塞滴灌系统。常用的多种氮肥和钾肥可溶性较好，很少引起堵塞；磷肥引起堵塞的可能性较大，应慎重选用。

玉米滴灌技术要点

1. 选地选茬与精细整地，整平细耙

滴灌玉米植株繁茂，根系发达，因此在选地时应选耕层深厚、土壤疏松、肥力较高、保水保肥、排水良好且靠近水源的地块；为提高覆膜质量，在选茬时要选择不易起坷垃，又容易灭茬的"软茬"、"肥茬"，如瓜菜茬、大豆茬、马铃薯茬，切忌选择施用过豆磺隆等残效期长且对玉米生长发育有影响的除草剂茬口，如果选择玉米茬，必须实行三年轮作。

整地的质量是关键，直接影响到播种质量、覆膜质量和玉米生长发育。实行秋翻、秋耙、秋施肥、秋起垄、秋镇压。做到耕翻和深松有机结合，打破犁底层，加深耕作层，利于玉米根系发育。

对于根茬还田地块，要做好根茬粉碎还田，起垄前要搂净残茬、秸秆，提高整地质量。结合整地，施好底肥，实行测土配方施肥，玉米亩产 800kg 的地块，底肥配方是农家肥 2 方，二铵 15kg，尿素 7.5kg，硫酸钾 7.5kg，施肥深度 13～15cm。必要时人工拣净搂除根茬残体。秋整地应深松整地，做到上实下虚，无坷垃、土块，结合整地施足底肥，及时镇压，达到待播状态，为高质量覆膜创造一个良好的土壤环境（图 3-14）。

图 3-14　整地与施种肥

2. 选择适合品种，进行种子处理与适时播种

当耕层 5～10cm 的地温稳定在 7℃以上时，即可播种。将四轮车上豁沟用的铧子间距调整为 50cm，以每两垄为一个组合，采用垄上机械豁沟，沟的深度 8～10cm，坐水精量点播，株距 25cm，覆土 4cm，亩保苗 4 000 株。要求深浅一致，覆土均匀。

3. 封闭除草

播种后每亩用 90% 乙草胺 50ml 加 72% 2,4-D 丁酯 20ml，对水 30kg 喷雾。

4. 膜下滴灌管道的铺设

根据水源位置和地块形状的不同，膜下滴灌主管道铺设方法主要有独立式和复合式两种。

（1）独立式主管道铺设。独立式主管道的铺设主要用于狭长地块，其主管只有一条并深埋在地下，其余支管毛管均分布在地面上。此种铺设方法具有省工、省料、操作简便等优点，缺点是不适合大面积作业。采用独立式主管道铺设主要是以中小型移动滴灌设备为主。有效灌溉面积一般为 300～400 亩，平均一次性投入成本 450 元/亩左右。

（2）复合式主管道铺设。采用复合式主管道的铺设可进行大面积膜下滴灌作业，有效弥补了独立式主管道铺设存在的缺点。此种方法具有滴灌速度快、水压损失小、滴灌均匀等特点。适合于水源与地块较近，田间有可供配备使用动力电源的固定场所。一台机具一般可控制 3 000 亩左右的条田。这种铺设方法适用于各种条田和不规则地块，适用范围较广。一次性投入每亩成本 500～600 元。

一般在大垄 2 小行玉米之间铺滴灌管带，若采取膜下滴灌，可随铺滴灌管带随覆膜。选用 120～130cm 幅宽的地膜，覆膜可以采用人工覆膜，也可采用机械覆膜，覆膜要求严、实、紧（图 3－15）。

图 3－15　膜下滴灌

5. 平衡施肥，增施有机肥

与常规种植比，由于膜下滴灌是高投入、高产出栽培模式，一般选择的品种都是喜肥、喜水的高产品种，在膜下滴灌水分有保证的前提下，要求相应增加施肥量。一般每亩投入优质农肥 1 000～2 000kg、磷酸二铵 15～20kg、硫酸钾 5～10kg 做底肥施入，或者用复合肥 30～40kg 做底肥使用。在玉米需肥关键期，采取液体追肥，通过滴灌系统，随水施入，在施足底肥的基础上，一般每亩施尿素 20～25kg。

6. 起大垄，垄上种双行

覆膜栽培可采取大垄宽窄行栽培模式，增加田间通风透光，充分发挥边际效应，一般窄行为 40～50cm，宽行 80～90cm。可选用耐密品种，每亩比常规栽培增加 500～800 株，靠群体增产。

7. 品种选择

选择耐密紧凑型品种，地膜覆盖栽培可选生育期比露地长 7～10 天，有效积温多 150～200℃的品种。

8. 种子处理

选用已包衣的玉米种子，可不催芽，直接播种。选用没包衣的种子，可催小芽人工包衣，或直接包衣，选择复合型种衣剂，按药种比例拌种，主要防治地下害虫、玉米丝黑穗病和玉米瘤黑粉病等病虫害。

9. 足墒播种

玉米膜下滴灌采用先播种后覆膜的方式播种。出苗后及时人工放苗，并用土压严苗根部。覆膜可以提高地温，因此可提前 5 天播种，一般在 4 月下旬播种。采用垄上机械开沟滤大水精量点播，小行距 40～50cm，播种应深浅一致，覆土均匀，播深 3cm。根据品种特征特性决定种植密度，一般每亩保苗 4 500～5 000 株，株距 18cm 左右。

10. 化学除草

采用播后苗前封闭除草，除草剂用量较直播田减少 1/2，方法与常规玉米除草方法相同。

11. 铺设滴灌管和覆膜

在大垄 2 小行玉米之间铺滴灌管带，随铺滴灌管带随覆膜。选用 130cm 的地膜，覆膜可以采用人工覆膜，也可采用机械覆膜，覆膜要求严、实、紧。

12. 及时放风、引苗、定苗

播种后及时检查出苗情况，发生缺苗及时补种或补栽。玉米出苗后应及时放苗，放出颜色正常、大小一致、没病虫害的苗，并及时定苗，留健苗、壮苗，防止捂苗、烧苗、烤苗。放苗后用湿土压严培好放苗口，并及时压严地膜两侧，防止被风刮起（图 3-16）。

13. 加强田间管理

玉米覆膜栽培要经常检查地膜是否严实，发现有破损或土压不实的，要及时用土压严，防止被风吹开，做到保墒保温。并及时除去垄沟杂草，按照玉米作物需水规律及时滴灌。

二、井窖补灌技术

井窖补灌技术是利用现有的井窖，在玉米生育期关键进行补充灌溉。适用于播

图 3 – 16　　及时查种补种确保全苗与开沟培土

前底墒不足，春旱严重时，耕作层土壤含水量在14%以下进行分穴浇灌，一般亩浇灌 3～5m³ 水，可保证全苗，达到苗早、苗全、苗齐、苗旺的"四苗"要求；同时在生育关键期进行分株浇灌，增产效果显著，增幅达到25%以上（图 3 – 17）。

图 3 – 17　　井窖补灌技术

第四节　一膜两季和留膜留茬越冬保墒技术模式

该技术将提高土壤有机质含量、增加土壤含水量、蓄水保墒等问题综合进行考虑，通过实施留膜留茬越冬和秋春季秸秆覆盖保墒，播期清膜、灭茬、整地、覆膜、播种等技术措施，可有效提高土壤的有机质含量和土壤的蓄水保墒能力，提高出苗、保全苗率，增强玉米抗旱性，在旱作雨养区推广，实现了抗旱保墒，秋雨春用之目的。

一、技术原理

通过留膜留茬越冬和秸秆覆盖技术，一是减少秋冬季土壤水分蒸发和大风对土壤表层肥力的风蚀，提高土壤有机质含量，二是提高土壤对降水的保蓄能力，提高了土壤含水量，三是提高了耕层土壤温度，四是改善了土壤结构。通过研究，留膜留茬越冬和秸秆覆盖技术减少土壤表层有机质风蚀 $10\% \sim 15\%$，播期土壤含水量提高 $8 \sim 10$ 个百分点，耕层地温提高 $5 \sim 8℃$；同时，作物根系保留于土壤中，改善了土壤结构，调节了土壤三相，形成虚实并存的土耕层结构。播期的土壤含水量、地温基本接近或超过早春顶凌覆膜效果，达到了蓄墒保墒效果，满足了。作物播种和前期生长发育对土壤水分和积温的要求，达到了秋雨春用的效果，变被动抗旱为主动抗旱（图 3 - 18）。

干旱条件下播期覆膜地玉米长势　　　干旱条件下留膜留茬越冬地玉米长势

图 3 - 18　主动抗旱

二、技术要点

（一）留膜留茬越冬

玉米收获时，高茬收割，留茬 $10 \sim 15cm$，所留高茬及玉米根系经微生物分解还田，增加土壤有机质含量，
提高土壤肥力。

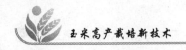
（二）护膜越冬

玉米收获后，冬春季（播前）用细土将破损处封好，玉米秸秆垂直于膜面放置，防止牲畜践踏，防止大风揭膜，保护好地膜，充分接纳冬春雨雪。春季播前一周左右清除秸秆等杂物，使膜面整洁、干净，为播种、出苗创造良好的环境条件（图3－19）。

图3－19　留膜留茬越冬地和秸秆覆盖地

（三）播种

播种时间。当气温稳定通过8～10℃时播种，一般在4月10日左右。

播种方式。用点播器在上茬两株中间点播，每穴下籽2～3粒，播深3～5cm，点播后随即踩压播种孔，使种子与土壤紧密结合，或用细沙土、牲畜圈粪等疏松物封严播种孔，防止播种孔散墒和遇雨板结影响出苗。

（四）田间管理

1. 苗期管理

破土引苗。在春旱时期遇雨，覆土容易形成板结。导致幼苗出土困难，使出苗参差不齐或缺苗，所以在播后出苗时要破土引苗。

查苗补苗。在苗期要随时到田间查看，发现缺苗断垄要及时移栽，在缺苗处补苗后，浇少量水，然后用细湿土封住孔眼。

定苗。幼苗达到4～5片叶时，即可定苗，每穴留苗1株，除去病、弱、杂苗，保留生长整齐一致的壮苗。随时注意防止玉米苗期病虫害。

追肥。拔节期用追肥抢苗追肥尿素10～15kg，磷酸二铵5～7kg，硫酸钾5kg。

2. 中期管理

当玉米进入大喇叭口期，追施壮秆攻穗肥，一般每亩追施尿素15～20kg。追肥方法可采用玉米点播器或追肥枪从两株中间打孔施肥，或将肥料溶解在 150 ～ 200kg 水中，用壶在两株间打孔浇灌 50ml 左右。

3. 后期管理

后期管理的重点是防早衰、增粒重、防病虫。要保护叶片，提高光合强度，延长光合时间，促进粒多、粒重。肥力高的地块一般不追肥以防贪青；若发现植株发黄等缺肥症状时，应及时追施增粒肥，一般以每亩追施尿素 5kg 为宜（图 3－20）。

图 3－20　一膜用两季种植方法

4. 病虫害防治

一膜用两季的种植田块，土壤没有翻晒，地下害虫较多，特别是金针虫较多，所以，结合施肥，将 1 500 ～ 2 000 倍液辛硫磷，用壶在两株间打孔浇灌 5 ～ 10ml 杀虫，防治效果非常显著。

5. 适时收获

当玉米苞叶变黄、籽粒乳线消失、籽粒变硬有光泽时收获。果穗收后搭架或晾晒，防止淋雨受潮导致籽粒霉变，待水分含量降至 14% 以下后，脱粒贮藏或销售；果穗收后，秸秆应及时收获青贮。

（五）残膜回收

玉米收获后，耙除田间残膜，并注意回收。

第五节　玉米套种技术模式

宁南山区位于黄土高原西北部，年平均气温 6.5℃，≥10℃有效积温 2 300 ～ 2 500℃，年均降雨量 450mm，无霜期 135d，日照时数 2 800h，日照百分率为

60%，年太阳总辐射量 543.92kJ/cm^2。日照充足，光能资源丰富，光能潜力大，年降雨季节分配不均，但雨热基本同季，种植作物一年一熟，光热资源丰足有余，一年两季则光热不足。为了增加对单位空间光、热资源的利用，提高土地生产力，依据玉米和大豆的生物学特性及全膜覆盖双垄集雨沟播田间生态条件，构建玉米与大豆套种复合群体，研究出了成熟的配套栽培技术（图 3 – 21）。

图 3 – 21　玉米地套种大豆

玉米采用全膜覆盖双垄集雨沟播种植和宽窄行种植，并在宽行内间种大豆形成立体复合生态系统后，虽然物种增多，密度增加，但相对应作物的单种田，对玉米带的光束状况未见明显削弱，同时套作田间活动层相对湿度一般比单种田的高，单种田与套种田相比，单种田其密度稀疏，空白地与大气接触面积大，其蒸发量比套种田大。

全膜覆盖双垄集雨沟播 110cm 为一个种植带，玉米套种大豆种植系统的土地利用率可用土地当量比来反映。土地当量比 = 套种 A 产量/单种 A 产量 + 套种 B 产量/单种 B 产量（这里均采用籽粒产量）。经计算，在全膜覆盖下玉米套种大豆的土地当量比为 1.43，说明由于实施玉米与大豆套种使土地利用率提高 43%，使全膜覆盖大行闲置空间得以充分利用，大大的提高了土地利用率，同时能更大限度地利用土壤养分和水分。

据研究，籽粒产量水平 1 500kg/hm^2 的大豆根瘤固氮菌量为 56.25kg，约相当于 262.5kg 的标准氮肥。加之大豆的生物产量的农田归还率较高，因此，将其纳入套种的两熟制农田生态系统中，发挥其肥田效应，能够有效地实现土地地用养结合和农田的短中期地带状轮作。

全膜覆盖方法的双垄集雨沟播玉米，种植于两垄沟内，大垄相距 70cm，种植空间较大，将播种期基本相同、共生期较短的大豆，插入大垄中间种植，形成复合群体后，相对矮秆的大豆可利用近地面的太阳辐射光能，高秆的玉米则有效的利用空间光能，进而提高种植系统光热资源的利用率；玉米对土壤氮素吸收较多，而大豆对磷素敏感，同时大豆根系着生着大量的根瘤菌，根瘤菌的生命活动形成含氮化合物。为提高土地利用率，在同一块田套种2种作物，可均衡地吸收土壤中氮、磷、钾，在宁南山区半干旱和阴湿区，玉米是高产高效作物，大豆则是典型豆科高产作物，套种模式发挥了大豆的增产优势同时也促进玉米增产，可实现双丰收，相对单种消耗土壤肥力，间种农田如果没有相应的培肥措施作保障，将对农田形成掠夺式经营，而将大豆纳入复合的间种体系后，则可发挥和利用其根瘤固氮和落物（叶、花、根）回田的习性，使土壤得以培肥，养分得以补偿。

适宜套种的大豆品种：生育期适中，相对较早成熟的品种，如中黄30、晋豆19、晋豆43、F6等品种。

主栽作物玉米播于两垄沟内，玉米播种时用播种器打孔播种，将玉米种子点播在沟内，每孔播种2粒，播深3～5cm，并用细沙土封住播种口，株距24～27cm，亩保苗4 500～5 000株/亩（图3－22）。

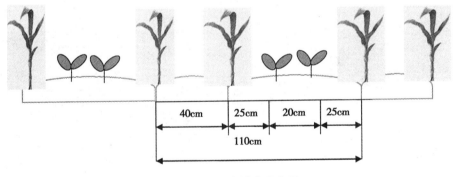

图3－22　玉米地套种大豆

第六节　改良土壤耕层综合高产技术模式

该技术将提高土壤有机质含量、增加土壤耕层深度、蓄水保墒等问题综合进行考虑，通过实施秋季秸秆还田、秋深松、秋施肥、秋旋耕、秋镇压、春直播等技术措施，可有效提高土壤的有机质含量，打破犁底层、提高土壤的蓄水保墒能力，增强玉米抗旱性和抗倒性。

技术原理：通过深松，提高土壤对降水的接纳能力和根系对下部土壤水分的利用。通过秸秆还田，减少土壤水分蒸发，提高土壤有机质含量，同时避免了秸秆焚烧引起的环境污染。通过深施底肥，提高肥料的利用率。通过镇压，减少土壤风蚀，保护土壤耕层。通过条状深松，形成虚实并存的土壤耕层结构，虚部（深松部位）在降雨时可使雨水迅速下渗，实部中由于毛细管的存在，则可保证土壤深层水分上升，满足作物生长需要。

实施效果：一是增强了玉米抗旱性、抗倒性。二是由于春天不对耕层进行耕、翻、旋等农事操作，避免了玉米播种层（0～10cm）土壤水分散失，实现旱地玉米无需等雨播种。

土壤耕层改良综合高产技术要点

1. 秸秆粉碎还田

秋季玉米收获后，用秸秆粉碎机将玉米秸秆粉碎后铺于地表，粉碎后秸秆长度要小于10cm（图3-23）。

图3-23　收获与秸秆粉碎还田

2. 旋耕镇压

用旋耕机对深松后的土壤进行旋耕（旋耕时一要将秸秆与土壤充分混合；二要平整，以利第二年直接播种），并用旋耕机后面附带的镇压轮进行镇压（重镇压，将土壤压实）。如果冬季干旱，要对土壤再进行一次重镇压，镇压强度要在秋季镇压的两倍以上（图3-24）。

图3-24 秸秆还田时的旋耕镇压

3. 土壤深松，深施肥料

用专用深松机对土壤进行条状（间隔）深松，深松间隔50cm，深度大于30cm。深松同时，利用深松机施肥系统将肥料底施于土壤10~15cm深处。

4. 隔年深松

一般3年深松一次。对于不需要深松的耕地，秋季只进行秸秆粉碎与旋耕作业，第二年春天播种时采用随种施肥，将肥料施到种子侧下方3~5cm处。

5. 适时翻耕

每隔3~5年，要对土壤进行一次翻耕，使耕层上下交流，提高土壤下层养分，翻耕要放在秸秆粉碎与旋耕之间进行。

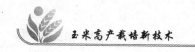

第四章
玉米栽培管理

第一节 播种

一、播前准备

（一）品种选择

1. 选择通过审定的品种

选择覆盖所在区域的国家或省审定的品种，注意品种的适应性、产量、品质、耐旱及抗性（抗病、抗虫、抗逆）等综合性状的选择。

2. 选择生育期合适的品种

根据当地积温、早晚霜和实际种植情况，选择生育期合适的品种（玉米收获时乳线消失、黑层出现），尽量避免光热资源浪费和成熟度不足等情况的发生。覆膜比露地栽培增加活动积温 $200 \sim 300℃$，可选用比当地露地直播生育期长 $7 \sim 15$ 天的品种。

3. 选择优质种子

注意查看种子的 4 项指标（纯度、芽率、净度、水分）是否符合国家标准。国家大田用种的种子标准是：纯度 $\geqslant 96\%$、芽率 $\geqslant 85\%$、净度 $\geqslant 99\%$、水分 $\leqslant 13\%$（长城以北和高寒地区玉米单交种种子的水分不高于 16%）。注意优先选择发芽势高的种子，单粒点播时要求发芽率更高。

4. 注意品种搭配

在一定种植区域内应考虑不同品种的搭配种植，起到互补作用，提高抵御自然灾害和病虫害的能力，实现高产稳产。一般一个产区优化组合 $3 \sim 4$ 个品种，包括主栽品种、搭配品种和苗头品种或不同熟期类型品种。青贮玉米、糯玉米、甜玉米为延长采收期，可以选用不同熟期品种搭配种植（如中晚熟为主搭配晚熟和中熟）。

5. 因地选种

降雨与地力条件好的地区或地块，可选耐密高产品种；根据当地气候特点和病虫害流行情况，尽量避开可能存在的品种缺陷；干旱严重地区应适当选用早熟品种；选择在当地种植两年以上、表现好的品种。

表 4 – 1　不同区域种植玉米代表性品种

区域	代表性品种（≥10℃活动积温）	备注
海拔 1 600 ~ 1 700m	主栽品种：金穗 9 号、郑单 958、登海 3672、先玉 335、中单 5485、五谷 704、西蒙 6 号、先正达 408 等 搭配品种：长城 706、强盛 16、长城 799、金穗 3 号、酒单 4 号、沈单 16、宁单 11、正大 12、酒单 688、金穗 8 号，富农 1 号，辽单 121、青贮 4 号等品种	≥ 10℃ 积温 2 500 ~ 2 700℃ 无霜期 >135 天
海拔 1 700 ~ 1 800m	主栽品种：榆单 88、先玉 335、超玉、五谷 704、西蒙 6 号、先正达 408、长城 706 等 搭配品种：强盛 16、长城 799、中单 5485、金穗 3 号、酒单 4 号、承 20、哲单 37、新玉 35 等品种	全膜秋覆，≥10℃ 积温 2 300 ~ 2 500℃ 无霜期 >125 天
海拔 1 900 ~ 2 000m	主栽品种：超玉 1 号、长城 706、先正达 408、五谷 704、德美亚等 搭配品种：登海 1 号、酒单 3 号、德美亚 3 号、长城 1142、中原单 32 号、克单 10 号、嫩单 13 号、新玉 10 号等	≥10℃积温 1 900 ~ 2 300℃ 无霜期 >120 天

（二）种子处理

购买经过种子精选、分级和包衣的种子。

选种。精选种子，除去病斑粒、虫蛀粒、破损粒、杂质及过大、过小的籽粒。

种子包衣。根据田间病虫害常年发生情况，明确防治对象，有针对性地选择包衣种子。如购买未包衣的种子，可用种衣剂、微肥拌种，但要选择正规厂商生产的种衣剂，根据含量确定用量，不提倡农户直接购买杀虫杀菌剂简单包衣，以免造成药害，降低种子的活性和适应性（表 4 – 2）。

表 4 – 2　玉米常用种衣剂及防治对象

防治对象	有效药剂名称
地下害虫（蝼蛄、蛴螬、金针虫、地老虎等）	克百威、丁硫克百威、吡虫啉、高效氯氰菊酯、毒死蜱、氯氰菊酯、顺式氯氰菊酯、甲基异柳磷、辛硫磷
蚜虫、蓟马、灰飞虱、粘虫	克百威、吡虫啉、噻虫嗪、乙酰甲胺磷

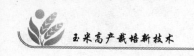

（续表）

防治对象	有效药剂名称
苗期病害	福美双、克菌丹、多菌灵、咯菌腈、精甲霜灵、三唑酮
茎腐病	福美双、戊唑醇、三唑酮、甲霜灵、克菌丹、多菌灵、咯菌腈、精甲霜灵

（三）播期确定

宁南山区玉米为一年一熟制，影响播期的主要因素是温度、土壤墒情和品种特性。晚播耽误农时，过早播种又易受晚霜冻害和感染玉米丝黑穗病以及烂种缺苗。

玉米播种时间的确定应遵循以下原则。

玉米种子在6～7℃时开始发芽，但发芽缓慢，容易受病菌侵染，一般将5～10cm土层的地温稳定通过8～10℃，作为玉米适宜播期开始的标准。播种过晚，容易贪青晚熟，遇霜减产。玉米区适播期一般在4月上中旬至4月下旬（表4－3）。

表4－3　宁南山区玉米适宜播期

区域	玉米适宜播期	玉米最晚播种日期
海拔1 700m以下	4月5～30日	5月10日
海拔1 700～1 800m	4月10～30日	5月5日
海拔1 800～2 000m	4月20～30日	5月5日

注：该表最晚播期按中晚熟品种计算，中早熟品种最晚播期可后延5天。

在地温允许的情况下，根据土壤墒情，适当调整播种时间或等雨播种。适宜播种的土壤重量含水量为黑土20%～24%、冲积土18%～21%、砂壤土15%～18%。土壤墒情较好的地块可及早抢墒播种。适时早播有利于延长生育期，增强抵抗力、减轻病虫危害，促进根系下扎、基部茎秆粗壮，增强抗倒伏和抗旱能力。土壤墒情较差不利于种子萌发出苗的地区，可采用坐水抗旱播种，也可等雨播种。

早春干旱多风区域（如东部丘陵山区），适时早播有利于利用春墒夺全苗；覆膜栽培可比露地早播7～10天；同一纬度山坡地要适当晚播；盐碱地温度达13℃以上播种较为适宜。

玉米播种出苗过程中，若遭遇极端天气条件、病虫害、整地质量等因素影响，要以确保播种质量、实现苗全、苗齐、苗匀、苗壮为前提，因地制宜及时调整播期。对于降雪量较大且气温持续偏低的年份，应视地温上升情况适当推迟播期（表4－3）。

玉米播种出苗过程中，若遇极端天气条件、病虫害以及管理不善等因素影响保苗，使田间植株密度低于预期密度的60%时，可以需要考虑重播、毁种或补种。重播要根据当地生产条件、估算增产幅度与投入成本确定，并选择生育期相对短的早数玉米品种、饲用玉米或鲜食玉米，控制在最晚播种时间以前播种，同时适当增加密度，以减少产量损失；毁种可种植向日葵、谷子、糜子、豆类、荞麦等生育期较短的作物。

（四）肥料准备

1. 玉米的需肥量

玉米施肥的增产效果取决于土壤肥力水平、产量水平、品种特性、种植密度、种植方式、生态环境及肥料种类、配比与施肥技术。

玉米对氮、磷、钾的吸收总量，常随产量水平的提高而增多。在多数情况下，玉米一生中吸收的主要养分，以氮为最多，钾次之，磷最少。一般每生产100kg籽粒需吸收氮2.5～4.0kg，五氧化二磷1.1～1.4kg，氧化钾3.2～5.5kg，其比例为1：0.4：1.3。我国各地配方施肥参数研究表明，化肥当季利用率为氮30%～35%、磷10%～20%、钾40%～50%。一般正常生产条件下，每亩可施磷酸二铵10～15kg，尿素15～25kg，硫酸钾7～10kg；若选用复合肥，也可据此估算（表4－4）。

表4－4　玉米推荐施肥量　　　　　　　　　　　　　　（单位：kg/亩）

目标产量	N施用量	P_2O_5施用量	K_2O施用量
750以上	16～20	7～10	6～8
650～750	15～16	4.5～7	4.5～6
500～650	12～13	4～6	3～5
低于500	9～11	3.5～4.5	0～3

注：①根据张树海等《宁夏固原市原州区耕地地力评价与测土配方施肥》一书及试验资料整理。②如果基肥施用有机肥1 500kg/亩，可采用推荐量的下限；高肥力田块应选择下限，低肥力田块选择…。③宁南地区土壤含钾量普遍较高，可适当减少施钾量

2. 施肥注意事项

宁南山区土壤基础肥力普遍偏低，施肥水平较低，投入不足，应加强地力培肥，根据玉米产量目标和地力水平进行测土配方施肥，使用经测土推荐的配方和

配方专用肥。

（1）采取有机肥与化肥并重、基肥前施、磷钾肥早施、追肥分期施的原则。氮肥一般采取前控、中促、后补原则，即基肥轻施，大喇叭口期重施，吐丝开花期补施。可结合秋整地或春整地施基肥，播种时施用种肥。

（2）氮、磷、钾平衡。先按目标产量定氮，再按比例配磷、钾肥。氮采用总量控制、分期实施（30%～40%的氮肥在播种前翻耕入土，60%～70%的氮肥追施）、实时精确监控技术。磷、钾采用恒量监控技术。

（3）微量元素平衡。遵循作物需肥规律和土壤缺肥情况，中、微量元素采取缺什么补什么的原则（表4-5）。

表4-5 部分微量元素丰缺指标及对应施肥量

元素	提取方法	临界指标（mg/kg）	推荐肥料	基施用量（kg/亩）
Zn	DTPA	0.6	七水硫酸锌	1～2
B	沸水	0.5	硼砂	0.47～1

资料来源：全国农业技术推广服务中心《春玉米测土配方施肥技术》，2011

（4）肥料的施用量及施用方法要合理。宁南山区玉米由于生育期较长，若采用"一炮轰"或"前重后轻"（底肥量大，最肥少）的施肥方式容易造成前期旺长、后期植株脱肥、早衰，建议在拔节或大口期进行一次追肥，追肥时应以氮、磷速效化肥为主，同时，要注意及时利用好自然降雨追施化肥，提高肥效。或使用长效缓释肥，科学施用。

（5）施肥量的计算确定。玉米的施肥量要根据玉米的需肥量、土壤养分供给量、肥料利用率以及计划产量等指标来确定。

肥料用量＝（计划产量养分需要量－土壤养肥供给量）/肥料有效成分百分率×肥料当年利用率。

式中，计划产量的某种养分需要量＝计划产量（千克）/500×某种养分需要量（千克/50千克玉米籽粒）；土壤养肥供给量＝土壤养分含量（千克×当年利用率%）。

（五）土壤准备

土壤准备包括深翻、深松、灭茬、旋耕、耙地、施基肥等整地作业，有条件的地区尽量采用多功能联合作业机具进行作业。应大力提倡和推广保护性耕作技术与深松作业。

1. 前茬处理

前茬主要为马铃薯茬、玉米茬或小麦、向日葵、秋地杂茬。前茬残留物根据具体情况作清除、粉碎还田处理。马铃薯茬可以先拾蔓，再灭茬深翻；小麦茬可以在麦收后及时重耙灭茬灭草，或进行伏翻或搅麦起垄；蔬菜茬可以扶原垄或破垄压实；玉米茬则采用先灭茬后深翻或耙茬整地及秸秆就地粉碎覆盖还田免耕播种等方式。

覆盖地表秸秆长度过长时，覆膜前可用秸秆粉碎机粉碎上茬作物的根茬（图4-1，4-2）。

图4-1 玉米收获后的灭茬作业

图4-2 玉米地根茬与残留地膜

2. 整地技术

玉米地应在前茬收获后，及时秸秆粉碎、灭茬整地。需要施农家肥的，应在整地前均匀撒施后，结合耕地翻入土壤。耕后及时耙糖达到地面平整、土壤细碎、上松下实。深松、深耕可加速土壤熟化，增加有效养分；加深耕作层，利于根系发育；提高透水和保水能力，利于抗旱抗涝；同时还可消灭杂草和减少病虫害。采用大马力拖拉机牵引大型耖耕机深松、耙茬和碎土一次完成，实现松耙联合整地作业，质量更好，速度更快，是未来发展的趋势。需要注意的是，白浆土宜浅翻深松，翻地不能到白浆层；砂壤土则不应打破犁底层，以防漏水肥；翻地要防止湿翻，以防破坏土壤结构。

（1）秋整地技术。为有效保住土壤墒情，实现秋雨春用，秋深施肥，春季适时早播，有条件的地方最好秋翻秋整地。前茬收获后及时进行秸秆粉碎或灭茬、施肥、秋翻或深耕（25cm以上），耕后及时耙压或旋耕镇压保墒，达到可播种状态。不秋翻的地块采用灭茬机灭茬起垄，将根茬包入垄体，深度要达8cm以上，达到待播状态。碎茬长度要小于5cm，以利于土壤保墒。根据土地性质确定秋整地目标：低洼地块，秋打垄晒垡散水，提高地温；向阳坡地，整地后及时镇压，保墒、提墒和碎土；易跑风地块秋收时留高茬，防风固沙、保土保墒。在北方丘陵区，坐水播种难度较大（因运水成本太高），建议采用秋整地、春直播，或采用秋覆膜保墒旱直播技术。

（2）春整地技术。在春季干旱地区不提倡春季整地，如果在秋季来不及整地的情况下，就要进行春整地。春季整地要在土壤解冻后进行，最好结合降雨，先将秸秆粉碎或灭茬，然后施肥、深耕（18~25cm）或深松（大于30cm）、旋耕、镇压达到播种状态。垄作玉米可在3月下旬、4月初用灭茬机将根茬粉碎，通过起垄包入垄体。灭茬既要碎又要深，还田深度要达8cm以上，否则影响整地覆膜及播种质量。于3月下旬至4月中旬土壤化冻15cm时顶浆打垄，在已清除根茬（或灭茬）的地块上进行三犁成垄（倒垄制），随打垄随镇压，达到待播状态（图4-3）。

春季整地前　　　清除残膜和根茬　　　机械灭茬　　　　　起垄

图4-3　春季整地

半干旱条件下，提倡留茬或秸秆覆盖技术，以防止秋冬春季水土流失。同时，提倡春灭茬、春整地，施肥、灭茬、打垄同时进行，并及时坐水种。在秋雨较多的年份，可以进行秋翻地，翻后及时耙压，防止跑墒，一般3~4年深翻1次。秋翻地的好处是土壤经过冬季干湿、冻融交替，结构得到改善，便于接纳秋冬降水，有利于春季保墒。

3. 机械化深松技术

机械化深松技术（机械化深松技术在我地应用面积较小，应加大示范推广力度）是利用机械疏松土壤，打破犁底层，加深耕作层的技术。深松作业不翻土，在保持原土层的情况下，改善土壤通透性，提高土壤蓄水能力，熟化深层土壤，利于作物根系深扎，增加作物产量。深松不翻动土层，后茬作物也能充分利用原耕层养分。

4. 施用基肥（底肥）

作基肥的有机肥料主要包括土粪、过圈粪、堆（沤）肥等；常用化肥包括尿素、过磷酸钙、碳酸氢铵、磷酸二铵、硫酸钾、硫酸锌、复混肥等，一般可在秋季或春季结合翻耕作业施入，达到土肥相融、全层施肥。一般情况，每亩施优质粗有机肥2吨或精制有机肥1吨左右；全部氮肥的30%～40%（如有种肥可相应减少用量）作基肥效果好。尿素作基肥一般不超过10kg/亩，否则若施肥深度不够，易烧苗；磷肥集中条施可防止水溶性磷被固定，较撒施提高肥料利用率10%以上；钾肥要早施、集中施，钾肥总量的70%可作基肥。

底肥深施有先撒肥后耕翻和边耕翻边施肥两种方法。

（1）先撒肥后耕翻的作业要求是：施量符合农艺要求，撒施均匀，尽可能缩短化肥暴露在地表的时间，及时翻埋，埋深大于6cm，地表无可见的颗粒。

（2）边耕翻边施肥，通常将肥箱固定在犁架上，排肥导管安装在犁铧后面，随着犁铧翻垡将化肥施于犁沟，翻垡覆盖，肥带宽度3～5cm，排肥均匀连续，断条率<3%，覆盖严密，施肥量满足农艺要求。

二、播种技术

（一）合理密植

1. 根据品种特性确定密度

株型紧凑和抗倒品种宜密，株型平展和抗倒性差的品种宜稀；生育期长的品种宜稀，生育期短的品种宜密；大穗型品种宜稀，中、小穗型品种宜密；高秆品种宜稀，矮秆品种宜密。一般中晚熟杂交种适宜密度为3 500～4 500株/亩；中熟杂交种4 000～5 000株/亩；中早熟杂交种4 500～5 500株/亩；早熟杂交种5 500～6 000株/亩。

2. 根据土壤肥力确定密度

土壤肥力较低，施肥量较少，取品种适宜密度范围的下限值；土壤肥力高、施肥水平较高的高产田，取其适宜密度范围的上限值；中等肥力取品种适宜密度范围的中密度。

3. 根据水分条件确定密度

同一地区有灌溉条件的可较旱地每亩增加密度700～1 000株。宁南山区全年降雨量平均450mm，由北向南递减。无灌溉、水分条件较差的旱地宜稀；有灌溉、水分条件适宜的宜密。

4. 根据地形确定密度

在梯田或地块狭长、通风透光条件好的地块可适当增加密度；反之，应适当

减小密度。

5. 机播适当增加播量

为避免机械损伤和病虫害伤苗造成密度不足，需要在适宜密度基础上增加5%～10%的播种量。

表4-6 宁南山区旱作玉米种植密度推荐表 （单位：株/亩）

田　块		稀植型	中间型	耐密型
旱地	生产条件差，产量水平低	2 500～2 800	2 800～3 200	3 000～3 500
	生产条件较好，产量水平中等	2 800～3 500	3 000～3 800	3 500～4 500
	生产条件好，产量水平高	3 000～4 000	3 500～4 500	4 500～5 500
水地	生产条件差，产量水平低	3 000～3 500	3 500～4 000	4 000～4 500
	生产条件较好，产量水平中等	3 500～4 000	4 000～4 500	4 500～5 000
	生产条件好，产量水平高	4 000～4 500	4 500～5 000	5 000～6 000

注：稀植型杂交种如沈单16、豫玉22，中间型如长城706、兴垦3号，耐密型如郑单958、浚单20、先玉335。

（二）地膜覆盖种植

地膜覆盖具有保水、增温、增强土壤微生物活性，抑制盐分在地表聚集等作用，可增加有效积温200～300℃，延长生育期7～10天，促进玉米生长发育，发挥品种的增产潜力，在积温不足、降雨偏少的旱作地区增产效果明显。

1. 地膜覆盖方式

地膜覆盖分半膜覆盖和全膜覆盖两种方式。

（1）全膜双垄沟播方式：一般每带宽幅110cm，在田内按70cm和40cm的距离开沟，这样即形成了宽窄相间的垄面，垄的高度5～10cm，用宽幅120cm地膜覆盖垄面及垄沟，地膜接茬在宽垄面中间，每个播种沟对应一大一小两个集雨垄面。目前大多采用机械将开沟、起垄、覆膜一次完成（图4-4）。

（2）半膜（半膜覆盖）：一般带宽100cm，覆膜宽度65～70cm，裸露地30～35cm，膜面按5cm左右行距点种两行玉米，分起垄和平铺两种植形式，带状种植田和半干旱雨养农业区多采用平铺覆盖（图4-5）。

2. 地膜覆盖时间

包括秋季覆膜、早春（顶凌）覆膜、播期覆膜。秋季覆膜：秋季作物收获后，结合秋季最后一次降雨，在霜降前后整地覆膜；早春（顶凌）覆膜：于3月上旬土壤消冻10～15cm时整地覆膜。采用秋季和早春覆膜，播期可提高土壤含

图 4 - 4　全膜覆盖

图 4 - 5　半膜

水量 7~9 个百分点。

3. 地膜覆盖播种方式

地膜覆盖分为膜上播种和膜侧播种，低积温地区宜采用膜上栽培，增加积温，提高抗旱性；高积温地区，可采用起垄膜侧栽培，通过集雨增强抗旱性。（图 4 - 6）。

玉米播种方法较多，但最常用的有穴播（点播）、精量播种、免耕播种等。其中，穴播是将种子按规定的行距、株距、播深定点播入穴中，每穴播 2~3 粒，可保证苗株在田间分布均匀，提高出苗能力。精量播种是指用精量播种机械将种子按精确的粒数、播深、间距播入土中，保证每穴种籽粒数相等。精量播种可节省种子用量，减少田间间苗工作，但对种子质量、出苗率、苗期管理要求较高。单粒精量点播为"一穴一粒"，播种密度就是计划种植密度，对种子质量要求高

膜上播种，半膜覆盖

大垄双行种植，
半膜覆盖

膜侧播种，半膜覆盖

全膜覆盖双垄沟播

图4-6　玉米覆膜种植方式

（发芽率应高于96%），因不用间苗，节本增效显著，是玉米播种技术的发展方向。免耕播种是在前茬作物收获后，不耕翻或很少耕翻土地，原有的茎秆、残茬覆盖在地面，直接在茬地上播种（或用专用的免耕播种机播种）。免耕播种可减少土壤耕作次数与能耗，减少对土壤的压实和破坏，减轻风蚀、水蚀，可保持底墒，降低生产成本，为有效消灭杂草、害虫，播种前后须喷洒除草剂和农药。

4. 全膜覆盖双垄沟播密度与株距

全膜覆盖双垄沟播幅宽110cm，小垄沟距40cm，每垄种2行，每沟种1行（图4-7）。

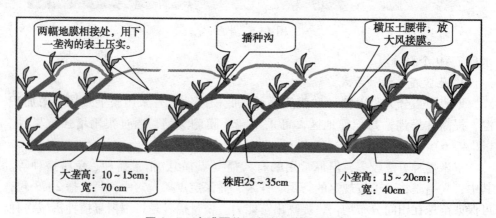

两幅地膜相接处，用下一垄沟的表土压实。

播种沟

横压土腰带，放大风接膜。

大垄高：10~15cm；宽：70cm

株距25~35cm

小垄高：15~20cm；宽：40cm

图4-7　全膜覆盖双垄集雨沟播种植图

（三）机械播种

玉米播种机按排种原理可分为机械式和气力式。

1. 机械式精量播种机

目前使用较多的是勺轮式机械精量播种机，可与 12 ~ 30 马力（1 马力 ≈ 735W）的各种拖拉机配套使用。这种播种机大多无单体仿形机构，播种深浅不易把握，但在作业速度低于每小时 3 km 时，可基本满足精量播种要求。

2. 气力式精量播种机

又分为气吸式播种机和气吹式播种机。气吸式播种机依靠负压将种子吸附在排种盘上，种子破碎率低、适用于高速作业，但结构相对较复杂。气吹式播种机依靠正压气嘴将多余的种子吹出锥形孔，对排种机构的密封性要求不高，其结构相对简单。气力式播种机的播种单体采用了平行四杆仿形机构，开沟、覆土和镇压全部采用滚动部件，田间通过性能好，各行播深一致。

3. 免耕播种机

由于直接在未经耕翻的茬地上工作，地表较硬，所以免耕播种须加装专门用来切断残茬和破土开种沟的破茬部件。

4. 播种技术要求

一次播种保全苗是实现玉米高产、稳产的前提。播种玉米时应考虑播种量、种子在田间的分布状态、播种深度和播后覆盖压实程度等农艺要求，先试播，待符合要求后再进行大田播种作业，以保证播种质量。

（1）种植模式。主要有等行距和宽窄行种植两种方式（图 4 - 8）。

图 4 - 8 种植模式

①等行距种植。这种方式是行距相等，一般为 50 ~ 70cm，株距随密度而不同。其特点是在封行前，植株在田间均匀分布，较充分地利用养分和阳光，便于

机械化作业。露地栽培多用等行距。但在种植密度大、肥水足的条件下，封行后行间郁蔽，光照条件差，群体个体矛盾突出。等行距、均匀垄种植方式为北方旱作玉米区主导方式。

②宽窄行种植。也称大小垄，行距一宽一窄，其特点是植株在田间分布不匀，前期漏光损失多，但能调节玉米后期个体与群体间的矛盾。在高密度、高肥水条件下，大小垄种植的玉米既有利于通风透光，发挥边行优势，使叶片特别是"棒三叶"处于良好的光照条件下，又可以保证适宜的密度，利于高产，并适宜于地膜覆盖栽培。目前多采用宽行距 60～80cm，窄行距 30～40cm。地膜宽 100～120cm，种 2 行。

株距计算：株距（cm）＝6 670 000（cm^2）÷行距（cm）÷密度（株/亩）

（2）足墒播种。一般播种时土壤含水量以达到田间持水量的 60%～70% 为宜，适宜春玉米播种的土壤重量含水量为黑土 20%～24%，冲积土 18%～21%，砂壤土 15%～18%，土壤含水量偏高时，要适度散墒后播种；土壤含水量不足时，采用坐水造墒播种。

（3）播量。根据种子发芽率、种植密度要求等确定，要求排种量稳定，下种均匀。穴播时每穴种籽粒数的偏差应不超过规定，精密播种要求每穴一粒种子，株距均匀，单粒率≥90%，空穴率小于 1%。一般机械条播亩用种量为 3～4kg，点播为 2～3kg。单粒播种、每穴 1 粒的需种量计算如下式，若每穴 2～3粒，则需要扩大 2～3 倍。

玉米需种量（kg）＝种植面积（亩）×种植密度（株/亩）×种子千粒重（g）／（种子出苗率×10^6）

（4）播深。根据土壤水分、土壤质地和种子大小等情况确定，以镇压后计算。做到播种深浅一致，种子播入湿土。一般浅黑垆土区播种深度 3～5cm，白浆土及盐碱土区播种深度 3～4cm，风沙土区播种深度 5～6cm，最深不超过 10cm。

（5）镇压。播后压实可增加上层土壤紧实程度，使下层水分上升、种子紧密接触土壤，有利于种子发芽出苗。适度压实在干旱地区及多风地区是保证全苗的有效措施。

（6）种肥 一般亩用复合（混）肥或磷酸二铵 4～7kg（春玉米播种时遇低温可施用磷酸二铵做种肥），肥料要掩埋并避免与种子直接接触，可采用侧深施肥，肥料在种子的侧、下方各 5cm，穴施或条施均可，确保不烧根、不烧苗。尿素不宜做种肥施用，以免烧种、烧苗。秋施肥量足的可不用种肥。

（7）其他要求。种子损伤率要小，播行直，行距一致，地头整齐，不重播，不漏播。联合播种时能完成施肥、喷药、施洒除草剂等作业。

5. 机械播种质量检测（中华人民共和国农业行业标准 NY/T503—2002）

粒距合格指数：播行内相邻两穴种子间的距离大于 0.5 倍理论穴距、小于等于 1.5 倍理论穴距为合格。在各播行中间连续测量 20 穴种子间的距离，粒距合格指数应不小于 80。

重播指数：种子穴距小于等于 0.5 倍理论穴距为重播，在各播行中间连续测量 20 穴种子间的距离，重播指数应 ≤15。

漏播指数：种子穴距大于 1.5 倍理论穴距为漏播，在各播行中间连续测量 20 穴种子间的距离，漏播指数应 ≤8。

播种深度：播行内种子到地表面的距离（cm），在各播行中间连续测量 20 穴种子到地表面的距离，(5±1)cm 的播种深度为合格。

作业速度：机具正常作业时的最大行驶速度（km/h）。

播种量：每亩播下的种子重量（kg/亩）。

苗期调查：包括出苗时间、出苗率、出苗整齐度等指标。出苗时间以 50% 穴数的幼苗出土高度 2~3cm 的日期为标准记载（某月某日）。同时计算播种至出苗的天数（d）。

$$出苗率（\%）=100 穴调查苗数 \times 100/100 穴播种粒数（播种量 g/千粒重 g \times 1\,000）$$

或

$$出苗率（\%）=100 穴调查苗数/100 穴播种粒数 \times 100$$

出苗整齐度 = 1/100 穴幼苗株高的变异系数

产量：小区实收计产，并折算成标准含水量（14%）的产量（kg/亩）。

三、苗前化学除草

在玉米播种后出苗前土壤较湿润时，趁墒对玉米田进行"封闭"除草。应仔细阅读所购除草剂的使用说明，既要保证除草效果，又不影响玉米及下茬作物的生长，严禁随意增加或减少用药量。使用除草剂时，应不重喷、不漏喷，以土壤表面湿润为原则，利于药膜形成，达到封闭地面的作用。

作业时尽量避免在中午高温（超过 32℃）前后喷洒除草剂，以免出现药害和人畜中毒，同时要避免在大风天喷洒，避免因除草剂漂移危害其他作物（图 4-9）。

一般情况下，苗前除草剂对玉米生产的安全性较高，较少产生药害。但是，盲目增加药量、多年使用单一药剂、几种除草剂自行混配使用、施药时土壤湿度过大、出苗前遭遇低温等情况下也会出现药害。常见药害表现为种子幼芽扭曲不能出土；生长受抑制，心叶卷曲呈鞭状，或不能抽出，呈 D 形；叶片变形、皱缩；叶色深绿或浓绿；初生根增多，或须根短粗，没有次生根或次生根稀疏；根茎节肿大；植株矮化等（图 4 - 10）。

图 4 - 9　覆膜前喷洒除草剂　　　　图 4 - 10　除草剂危害状

四、喷洒杀虫剂

地下害虫为害严重的地块，可采用：① 旋耕时或全膜双垄沟播栽培起垄后每亩用 40% 辛硫磷乳油 0.5kg 加细沙土 30kg，拌成毒土撒施，或对水50kg 喷施。② 用地虫克（1.5kg/亩）或用 50% 辛硫磷乳剂（0.1kg/亩），拌炒熟的麸皮或谷子 2 ~ 3kg 制成诱饵并均匀撒入地表，结合耕地深翻入土壤，防治地下害虫，耕后及时耙糖。

第二节　苗期管理

一、玉米苗期发育特点及管理要点

（一）生长发育特点

玉米从出苗到拔节这一阶段为苗期，一般经历 30 ~ 35d。玉米苗期的生育特点，以根系生长为中心，其次是叶片。属于营养生长阶段。从三叶期到拔节期，干物质增重速度地下部相对于地上部的 1.1 ~ 1.5 倍，根系重量占种植总重量的50% ~ 60%。玉米苗期主要特性是耐旱、怕涝、怕草害。因此苗期适当干旱，土壤疏松，有利于根系生长。土壤水分过多，通气不良，根系生长受阻，养分转化和吸收受到影响，幼苗瘦弱，严重影响后期生长发育。总之，该期以营养生长为核心，地上部生长相对缓慢，根系生长迅速。

（二）田间管理的主攻目标

促进根系生长，保证全苗、匀苗、培育壮苗，茎扁圆短粗，叶绿根深，为高产打下基础。

（三）生产管理技术

1. 破土（膜）引苗

在春旱时期遇雨，覆土容易形成板结，导致幼苗出土困难，使出苗参差不齐或缺苗，所以在播后出苗时要及时破土。播种后经常到田间检查，先播后覆膜的地块，出苗后要及时破膜引苗，发现膜损要及时用土封住破处（图4-11，图4-12）。

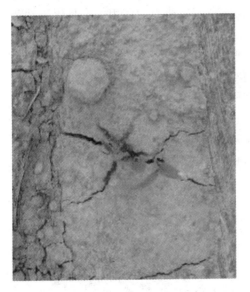

图4-11　雨后板结地　　　　　　　　图4-12　破膜引苗

2. 间苗和定苗

出苗后要及时间苗，以保证幼苗生长健壮，至4～5片可见叶时定苗。在地下害虫严重的地块，应适当延迟定苗时间，但最迟不宜超过6片叶。定苗时根据品种特性和要求留足适宜的苗数，要去除弱苗、病苗、虫苗、畸形苗，留壮苗、匀苗、齐苗。如有缺苗可在同行或邻行就近留双株，缺苗比较严重或整行断垄的地方仍需移栽补苗（图4-13）。

图 4-13　间苗和定苗

3. 追施苗肥

播种时没有施用种肥的地块，苗期可追施苗肥。苗肥的作用主要是促进幼苗特别是根系的生长发育，对于培育壮苗和实现高产至关重要。苗肥一般在定苗后开沟施用或结合中耕深施，避免在没有任何有效降雨的情况下地表撒施。施肥量可根据土壤肥力、产量水平、肥料养分含量等具体情况来确定，一般每亩可追施尿素 10 ~ 15kg，也可在其中增加一定比例的长效尿素或缓释尿素（图 4-14）。

露地种植时，中耕追肥作业机具要有良好的行间通过性能，无明显伤根、伤苗问题，伤苗率 <3%，追肥深度 6 ~ 10cm，追肥部位应在作物株行两侧 10 ~ 20cm，肥带宽度大于 3cm，无明显断条，施肥后覆盖严密（图 4-15）。

图 4-14　人工追肥

图 4-15　中耕深松施肥

4. 水分管理

玉米苗期植株对水分需求量不大，可忍受轻度干旱胁迫。苗期适度干旱可促进根系发育、促使植株生长敦实、降低结穗部位、提高抗倒伏能力，利于蹲苗。因此，苗期除底墒不足或天气干旱需要及时灌水外，一般情况下不需要灌溉。

苗期干旱较重时，有条件地方，可采用在苗侧机械开沟注水的行走式节水灌溉技术。即在拖拉机后挂开沟器，其后安装苗侧开沟注水装置，实现苗期开沟、施水、覆土作业一次完成。具有进度快、成本低省水、省工、灌溉效率高的特点，亩用水量 6 吨，可有效解决苗期干旱补水问题。

5. 中耕松土除草

人工铲地或机械中耕可以疏松土壤，提高地温，加速有机质分解，增加有效养分，防旱保墒及铲除杂草。一般进行 1～3 次：4～5 叶进行中耕灭草作业，深度以 3.5～5cm 为宜；拔节前进行第二、第三次中耕，深度以 8～15cm 为宜，苗旁宜浅，行间宜深。

6. 深松

由于长期使用小型农机具作业，平均耕层只有 16.1cm，深松能够打破犁底层，改善土壤通透性，提高土壤蓄水能力，促进根系发育，提高玉米抗倒、抗旱等综合抗逆能力，有利于玉米高产稳产。在秋季未深松条件下，可春季深松，深松深度一般 30～35cm，隔 2～3 年深松一次。

7. 及早去分蘖，避免损伤主茎

苗期分蘖大多以第 3、4 叶腋内长出，形成侧株，不能成穗，但长势旺，与主穗争夺养分和水分并遮光，定苗后至拔节期间，要勤查勤看，及时将分蘖从基部掰掉。以下情况必须掰除分蘖：①种植密度 4 000 株/亩以下；②全膜覆盖种植玉米，前期生长旺盛，分蘖多（图 4 - 16）。

（四）病虫害防治技术

原州区玉米苗期田间病害以苗枯病（根腐病）为主，从种子萌芽到 3～5 叶期的幼苗多发，病芽种子根变褐腐烂，且可扩展到中胚轴，严重时幼芽腐烂死亡。苗枯病发生与种子带菌相关，且小粒玉米种子相对较重，最严重地块甚至毁种。同时，春季多低温年份、沙质土壤、有机质含量低、土壤板结较重和重氮肥、少磷钾肥地块相对较重；播种过深、出苗期延长，也相对严重。害虫以地下害虫为主，包括蛴螬、金针虫、地老虎、蝼蛄；地表害虫有旋心虫、叶甲、美洲斑潜蝇。玉米种子未采取种衣剂包衣的地块，地下害虫的危害造成缺苗；根腐病及花白苗、红叶病及丝黑穗病也时有发生。种衣剂包衣是防治玉米苗期病虫害的最佳办法，种衣剂中均含有两种或两种以上的杀菌杀虫剂，如呋福戊（克福戊）种衣剂，包衣种子播入土壤后，在种子周围的土壤环境中形成药环境，地下害虫

应掰掉分蘖　　　　　　　　　　　　　　这样的分蘖可以不掰除

图4-16　判断是否要掰除分蘖

趋向种子时，即触杀死亡。福美双和戊唑醇等是防治种传及土传病害的有效药剂，玉米苗枯病和丝黑穗病都是在芽期侵染，尤其在玉米种子萌发到三叶期前为病原菌侵染高峰期，福美双和戊唑醇等药剂能抑制其侵染，减轻病害的发生或达到不发生的目的。针对前茬地下害虫较重的地块（连作田），来年春起垄时，亦可以随粪肥撒施毒土，浓度配比可以根据害虫发生的轻重自行调配。对于出土幼苗虫害发生较重的地块可以采取农药灌根处理。通过增施磷、钾肥亦可减轻苗病的发生。建议在砂壤土上使用种衣剂要用低限用量，在黏土上用高限用量，同时要针对气温及土壤墒情合理使用，使其达到理想的防治效果。

二、苗期生长异常

在适宜条件下，玉米播种后经10~15天即可出苗。玉米正常幼苗的构造包括完整的初生根系（初生胚根及两个以上充满大量健壮根毛的次生胚根）、中胚轴、芽鞘、初生叶。

由于种子自身原因或在萌发过程中受到外界不良环境条件影响，出现种子霉烂、不能正常萌发和缺苗断垄、苗情质量差等现象，可以按照下表查找原因并做相应处理（表4-7）。

表4-7　玉米出苗率低的原因及解决措施

可能原因	技术措施
干旱造成地表土含水量低	抗旱播种；坐水种；适度调整播种期
低温影响	适期播种，5cm地温稳定通过10℃播种，或选择提早一个熟期的品种
种子未播在湿土层	将种子播在湿土上，紧贴湿土
种子质量差，发芽率、发芽势低	选用达到国家标准及发芽势高的种子，播前精选种子，适当增加播种量
种子覆土过深或过浅	提高整地水平和播种质量，整地均匀，播深合理，平川区域应大力发展播种机播种
播后未镇压，造成跑墒，种子不发芽或发芽后易"吊死"	播后镇压
地膜覆盖种植不规范，放苗不及时，造成烧苗	及时放苗，提高播种质量
土壤含水量过高	及时排水、散墒，适度调整播种期
土壤板结，尤其黏重土质及雨后	破除板结；增施有机肥，改良土壤，打破犁底层，实施保护性耕作
种子处理方法不当	按照包衣剂使用要求处理
地下害虫为害	选择适宜药剂包衣，加强防治金针虫、地老虎、蛴螬等害虫
种肥、基肥烧苗	控制肥量，种、肥隔离，并注意羊粪等过量烧苗
前茬秸秆过多及机械播种质量不高	提高秸秆处理水平，保证播种质量
机械作业造成缺苗断垄	提高机械作业水平
除草剂药害	掌握使用方法，科学使用除草剂，及时准确应用挽救措施
土壤含盐量高等其他障碍因素	改良土壤

三、苗期自然灾害

1. 干旱

典型症状：播种至出苗阶段，表层土壤水分亏缺，种子处于干土层，不能发芽和出苗，或造成缺苗；播种、出苗期向后推迟；出苗的地块由于干旱苗势弱、植株小、发育迟缓，群体生长不整齐。干旱常发生地区增施有机肥、深松改土、培肥地力，提高土壤缓冲能力和抗旱能力；因地制宜采取蓄水保墒耕作技术，建立"土壤水库"；选择耐旱品种；地膜覆盖栽培；秋覆膜或顶凌覆膜；抗旱播种：抢墒播种、坐水（滤水）播种、起干种湿、深播浅盖、免耕播种，抓紧播前准备工作，等雨待播。

干旱发生后：①分类管理。出苗达70%以上地块，推迟定苗、留双株、保群体；出苗50%以上的地块，尽快发芽坐水补种或移栽；缺苗在60%以上地块，改种早熟玉米、青贮玉米或其他熟期短的作物。②采取措施，充分挖掘水源、全力增加有效灌溉面积。③加强田间管理，已出苗地块要早中耕、浅中耕，减少土壤蒸发（图4-17）。

图4-17 干旱导致植株萎蔫的地块

2. 风灾倒伏

沙尘天气造成幼苗被沙尘覆盖、叶片损伤。风灾造成幼苗倒伏和折断；土壤紧实、湿度大以及虫害等影响根系发育，造成根系小、根浅，容易发生根倒。

苗期和拔节期遇风倒伏，植株一般能够恢复直立（图4-18）。

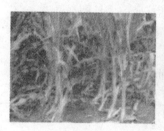

图4-18 大风造成植株倒伏的地块

选用抗倒品种。土壤深松、破除板结。风灾较重地区，注意适当降低种植密度，顺风方向种植玉米；播种深度适当加深。苗期倒伏常伴随降雨多、涝害，灾害后及时排水。加强管理，如培土、中耕、破除板结，还可增施速效氮肥，提高植株生长能力（图4-19）。

3. 冰雹

直接砸伤玉米植株，冻伤植株；土壤表层被雹砸实，地面板结；茎叶创伤后感染病害。为害程度取决于降雹块大小和持续时间。完善土炮、高炮、火箭等人工防雹设施，及时预防、消雹减灾。灾后尽快评估对产量的影响。

主要措施：苗期灾后恢复能力强，只要生长点未被破坏，都能恢复生长，慎重毁种。及时中耕松土，破除板结、提高地温，增加土壤透气性；追施速效氮肥（每亩尿素 5~10kg）；新叶片长出后叶面喷施磷酸二氢钾 2~3 次，促进新叶生长。挑开缠绕在一起的破损叶片，使新叶能顺利长出。警惕病害发生（图 4-20）。

图 4-19　人工扶直　　　　　　图 4-20　受雹灾的地块

4. 低温冷害与霜冻

（1）低温冷害。玉米播种出苗阶段和幼苗期易受低温为害。冷害延迟出苗，易感染丝黑穗病等病害，并造成植株生长发育迟缓，降低幼苗个体素质。代谢作用效率下降、细胞膜通透性降低和蛋白质降解。中胚轴和胚芽鞘变褐及萎蔫、叶片呈水渍状及发育不全、甚至因幼苗生长受阻而不能成活，冷害症状可一直延续到恢复生长期（图 4-21）。

图 4-21　低温冷害

措施：搞好品种区划，选用耐寒品种。种子处理。用浓度 0.02%~0.05% 的硫酸铜、氯化锌、钼酸铵等溶液浸种，可提高玉米种子在低温下的发芽力，减轻冷害。适期播种。按玉米种子萌动的下限温度，结合当地气象条件，安排适当播

种期，避免冷害威胁。

（2）霜冻为害。霜冻为害植物的实质是低温冻害，但植物受冻害不是由于低温的直接作用，而主要是因为植物组织中结冰导致植物受到损伤或死亡。4月至5月易遭倒春寒为害（图4－22）。

图4－22　田间玉米冻害状况

措施：掌握当地低温霜冻发生的规律，选择生育期适宜品种，使玉米播种于"暖头寒尾"。选择抗寒力较强的作物或品种，采用能提高作物抗寒能力的栽培技术。霜冻发生后，及时调查受害情况，制定对策，不应轻易毁种。仔细观察主茎生长锥是否冻死，若只是上部叶片受到损伤，心叶基本未受影响，可通过加强田间管理，及时进行中耕松土、提高地温，追施速效肥，加速玉米生长，促进新叶生长。对于冻害特别严重，致使玉米全部死亡的田块，要及时改种早熟玉米或其他作物。

四、苗期病害的识别与防治

1. 种子腐烂

症状描述：种子在低于最适温度时萌发易受病菌侵染，导致种子腐烂和幼苗猝到。主要表现为种子霉变不发芽，或种子发芽后腐烂不出苗，或根芽病变导致幼苗顶端扭曲叶片伸展不开。湿度大时，在病部可见各色霉层（图4－23）。

图4－23　种子腐烂

防治技术：本病易防难治，种子包衣为最佳防治措施。北方地区可根据当地墒情适期播种，土壤墒情较好可在4月下旬播种。根据主要致病菌的不同，选择合适的药剂包衣或拌种。如满适金等对腐霉菌，咯菌腈和卫福种衣剂对镰孢菌防治效果较好。

2. 根腐病（苗枯病）

症状描述：根系出现变褐、腐烂、胚轴缢缩、干枯，根毛减少，无或少有次生根等症状，植株矮小，叶片发黄，从下部叶片的叶尖部位开始干枯，严重时幼苗死亡（图4-24）。

图4-24　根腐病

防治技术：本病以预防为主，播种前采用咯菌腈悬浮种衣剂或满适金种衣剂包衣效果较好。

发病后加强栽培管理，喷施叶面肥；湿度大的地块中耕散湿，促进根系生长发育。严重地块可选用72%代森锰锌或霜脲氰可湿性粉剂600倍液，58%代森锰锌或甲霜灵可湿性粉剂500倍液喷施玉米苗基部或灌施根部。

3. 玉米顶腐病

症状描述：病苗中上部叶片失绿、畸形、皱缩或扭曲；边缘组织呈现黄化条纹和刀削状缺刻或叶尖枯死，轻者自下部3叶以上的基部腐烂，边缘黄化，沿主脉一侧或两侧形成黄化条纹，叶基部腐烂或仅存主脉，之后生出的新叶顶端腐烂，致叶片短小或残缺不全（图4-25）。

防治技术：在发病初期可用50%多菌灵可湿性粉剂、80%代森锰锌可湿性粉剂、5%菌毒清水剂、72%农用链霉素可溶性粉剂等杀菌药剂对心喷雾。扭曲心叶需用刀纵向剖开。

4. 玉米粗缩病

症状描述：病苗浓绿，节间缩短，叶片僵直，宽短而厚，簇生如君子兰状。心叶细小叶脉呈断续透明状，即"明脉"，叶片背部叶脉上产生蜡白色隆起，即"脉突"。病株多数不能结实。黑龙江垦区春玉米苗期干旱较重的年份发病较重，

图 4 - 25　顶腐病

在本地还未发现（图 4 - 26）。

图 4 - 26　玉米粗缩病

防治技术：预防为主，发病后无有效挽救措施。①采用种植抗病或耐病品种为主。农业防治和化学防治为辅的综合措施。②采用锐胜、高巧等内吸性种衣剂进行种子包衣，以保障出苗后减轻灰飞虱的为害。③间苗时拔除病苗并带出田外深埋处理。④增施有机肥、磷钾肥，提高植株抗病能力。

5. 玉米矮化叶病

症状描述：叶脉间形成长短不一、颜色深浅不同的褪绿条纹。脉间叶肉失绿变黄，叶脉保持绿色，形成明显的条纹症状。植株黄弱瘦小，生长缓慢，严重矮化，株高通常不到健株的1/2（图 4 - 27）。

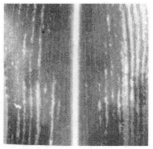

图4-27　玉米矮化叶病

防治技术：采用以抗病品种为基础，以治蚜防病和清除毒源等措施为中心的综合防治措施。①选用抗病品种。②适期晚播，避免或减少蚜虫传毒。③用吡虫啉或专用种衣剂拌种，防治蚜虫，压低传毒介体数量。④及时拔除田间病苗，消灭毒源。

五、苗期虫害的识别与防治

1. 小地老虎

形态特征：幼虫：头黄褐色，体灰褐色，体表粗糙，布满圆形深褐色小颗粒。成虫：黄褐色至灰褐色，前翅长三角形，后翅灰白色，脉纹及边缘色深，腹部灰黄色（图4-28）。

图4-28　小地老虎幼虫、成虫

为害状：啃食叶片或幼茎，造成小孔洞和缺刻；将幼苗心叶或近地面茎部咬断，整株死亡（图4-29）。

防治措施：①利用杀虫灯诱杀成虫。②将麦麸等饵料炒香，每亩用饵料4~5kg，加入90%敌百虫的30倍水溶液150ml，拌匀成毒饵，于傍晚撒于地面诱杀。③48%毒死蜱乳油，亩用90~120g，对水50~60kg；50%辛硫磷乳油800倍液；2.5%溴氰菊酯3 000倍液；20%氰戊菊酯3 000倍液，于幼虫1~3龄期

图 4 - 29　小地老虎为害状

喷雾。

2. 黄地老虎

形态特征：幼虫：头部黄褐色，体淡黄褐色，体表颗粒不明显，体多皱纹而淡。成虫：灰褐至黄褐色。前翅黄褐色，全面散布小褐点，后翅灰白色，半透明。

为害状：多从地面上咬断幼苗，或钻蛀根茎处成小孔，幼苗枯萎。主茎硬化后可爬到上部为害生长点（图 4 - 30）。

防治措施：与小地老虎相同。

图 4 - 30　黄地老虎幼虫、成虫和为害状

3. 大地老虎

形态特征：幼虫：头部黄褐色，体黄褐色，体表多皱纹，微小颗粒不明显。成虫：暗褐色，前翅褐色，肾纹、环纹明显，后翅淡褐色，边缘具很宽的黑褐色

边（图4-31）。

图4-31 大地老虎幼虫、成虫和为害状

为害状：与小地老虎和黄地老虎的为害状基本一致。幼虫啃食植株幼虫茎基部，将其咬断，致使幼虫死亡，造成缺苗断垄，严重时需毁种。

防治措施：与小地老虎相同。

4. 蛴螬

形态特征：金龟甲幼虫的总称为蛴螬。东北大黑鳃金龟为害最为普遍，幼虫体肥大，体型弯曲呈C形，白色或黄白色。头黄褐色，腹部肿胀（图4-32）。

图4-32 幼虫、成虫和为害状

为害状：啃食萌发的种子，咬断幼苗的根、茎，断口整齐平截，可造成地上部萎蔫。

防治措施：①黑光灯、频振式太阳能杀虫灯诱杀成虫。②每亩地用25%辛

硫磷胶囊剂 150~200 克拌谷子等饵料 5kg，或用 50% 辛硫磷乳油 50~100 克拌饵料 3~4kg，撒于种沟中。

5. 金针虫

形态特征：幼虫：长圆筒形，体表坚硬，蜡黄色或褐色，末端有两对附肢。成虫：体形细长或扁平，具有梳状或锯齿状触角。胸部下侧有 1 个爪，受压时可伸入胸腔（图 4-33）。

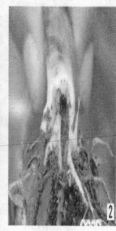
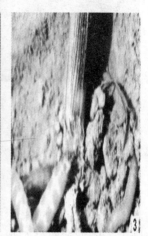

图 4-33 金针虫为害状

为害状：成虫在地上取食嫩叶，幼虫为害幼芽和种子或咬断刚出土的幼苗，有的钻蛀茎或种子，蛀成孔洞，致受害株干枯死亡。

防治措施：一般在一膜两季和留膜留茬田块发生较重。化学防治：苗期可用 40% 的毒死蜱 1 500 倍或 40% 的辛硫磷 500 倍，深耕翻晒。

与适量炒熟的麦麸或豆饼混合制成毒饵，于傍晚顺垄撒入玉米基部。也可在种子和肥料中拌杀虫药剂防治。农业防治：轮作倒茬，连作玉米或一膜两季种植，由于作物收获后减少了土壤耕作，为金针虫越冬创造了良好的土壤环境，使虫量增加，因此要轮作倒茬。

6. 东方蝼蛄

形态特征：成虫体略小于华北蝼蛄，头较小，圆锥形，复眼红褐色后翅折叠如尾状，大大超过腹部末端。若虫 6 个龄期，初期时乳白色至黄色，随生长发育体色逐渐加深；老熟若虫暗褐色，体长约 25mm（图 4-34）。

为害状：取食种子和幼苗，被害处呈乱麻状。在地表土层 2~10cm 窜动，形成纵横弯曲的隧道，使土壤松动风干，幼苗、幼根干枯而死，造成缺苗、断条。

图4－34　东方蝼蛄及为害状

防治措施：50%的辛硫磷乳油按种子重量0.3%拌种，或拌毒饵，播种时撒施于播种沟内；或用40%乐果乳油与适量炒熟的麦麸或豆饼混合制成毒饵，傍晚撒在作物行间。

7. 粘虫

形态特征：幼虫：头部沿蜕裂线有综黑色"八"字纹，体背具各色纵条纹5条。成虫：淡黄褐色或灰褐色，前翅中央前缘各有2淡黄色圆斑，外侧圆斑后方有1小白点，白点两侧各有1小黑点，顶角具1条伸向后缘的黑色斜纹。

为害状：1~2龄幼虫取食叶片形成孔洞，3龄以上幼虫为害叶片后呈现不规则的缺刻，严重时将玉米叶片吃光，只剩叶脉（图4－35）。

图4－35　粘虫成虫、幼虫和为害状

防治措施：①用糖醋液、黑光灯、频振式太阳能杀虫灯或谷草把诱杀成虫。②在幼虫3龄前可用5%氟虫脲乳油4 000倍液、灭幼脲1号、灭幼脲2号或灭幼脲3号500~1 000倍液喷雾防治。③可选用5%S~氰戊菊酯3 000倍液，或20%杀灭菊酯2 000倍液，或用50%辛硫磷1 000倍液，或用25%氰戊·辛硫磷乳油1 500倍液，或用10%阿维高氯1 000倍液喷雾防治。

8.草地螟

形态特征：成虫为暗褐色中型蛾，体长10~12毫米，翅展18~20mm。幼虫共5龄，其中，3龄头宽0.55~0.75mm，体长8~10mm，身体暗褐色或深灰色。蛹长15mm，黄褐色，腹末有8根刚毛，蛹外包被泥沙及丝质口袋形的茧，茧长20~40mm（图4-36）

图4-36 草地螟幼虫和为害穗粒状

为害状：多食性害虫，初孵幼虫取食叶肉，残留表皮，2~3龄幼虫多群集心叶内危害，3龄后食量大增，4~5龄为暴食期，可吃光成片作物，成群转移，短期内造成大面积减产，为一种间歇性暴发成灾的害虫。

防治措施：①在草地螟集中越冬场所，采取秋翻、春耕、耙耱及冬灌，破坏草地螟的越冬环境，增加越冬期死亡率。②在成虫产卵盛期后未孵化前铲除田间杂草，集中处理，可起灭卵作用。③及时在受害田块周围或草滩临近农田处挖沟或喷撒药带封锁。④黑光灯诱杀。⑤赤眼蜂灭卵。在成虫产卵盛期，每隔5~6天放蜂1次，共2~3次，放蜂量每亩0.3万~2万头。⑥用颗粒体和多角体病毒、苏云金杆菌、白僵菌等有效生物制剂喷雾防治。⑦在大部分幼虫3龄期，用4.5%高效氯氰菊酯乳油3 000~4 000倍液喷雾，或用2.5%敌杀死乳油2 000~2 500倍液，或用2.5%功夫（高效氯氰菊酯）乳油1 800~2 000倍液，或用20%

杀灭菊酯乳油1 000~1 500倍液，均匀喷雾防治。

9. 玉米旋心虫

形态特征：成虫体长5~6mm，全体密被黄褐色细毛。鞘翅翠绿色。雌虫腹末呈半卵圆形，略超过鞘翅末端，雄虫则不超过翅鞘末端。幼虫头褐色，腹部姜黄色，中胸至腹部末端每节均有红褐色毛片。蛹为裸蛹，黄色（图4-37）。

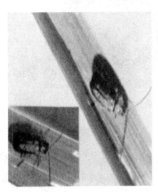

图4-37 玉米旋心成虫、幼虫和为害状

为害状：以幼虫蛀入玉米苗基部为害，蛀孔褐色，土壤中有害病原菌易从蛀孔侵染植株，造成花叶或形成枯心苗，重者植株畸形，分蘖较多，形成"君子兰苗"。

防治措施：①虫害严重发生地块，实行轮作倒茬。②结合整地，捡出玉米根茬，降低虫源基数。③药剂防治。用含吡虫啉、锐劲特或丁硫克百威成分的种衣剂包衣。或用40%辛硫磷乳油、敌百虫、毒死蜱灌根。也可用25%甲萘威、2.5%的敌百虫粉剂制成毒土顺垄撒在玉米根周围，杀伤转移为害的幼虫。

10. 蒙古灰象甲

形态特征：成虫卵圆形，覆褐色和白色鳞片，鳞片间散布细毛。褐色鳞片在前胸背板上形成3条纵纹，白色鳞片在前胸近外侧形成2条淡纵纹。以成虫和幼虫在土壤里越冬

为害状：成虫啃食嫩叶、茎，使植物组织受损，出现缺刻，甚至啃成秃桩；幼虫取食腐殖质和植物根系（图4-38）

防治措施：①农业防治。秋收后深翻土地，精耕细作等措施，可降低虫口密度，减轻为害。②化学防治。用50%辛硫磷浮油拌种；苗期成虫大发生时，可用40%乙酰甲胺磷乳油喷雾，或用35%甲基硫环磷乳油加水30倍和沙土300倍制成毒土，撒于幼苗周围地面。

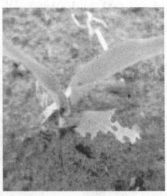

图 4 -38　蒙古灰象甲及为害状

11. 斑须蝽

　　形态特征：斑须蝽体长 8 ~ 13.5mm，宽 6mm，椭圆形，呈黄褐色或紫色，密被白绒毛和黑色小颗点，触角黑白相间，喙细长，紧贴于头部腹面。卵桶形、初产淡黄色。卵壳有网纹，密被白色短绒毛。若虫腹部每节背面中央和两侧均有黑斑（图 4 -39）。

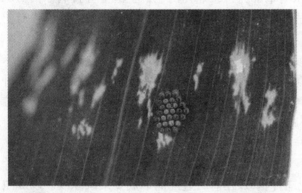

图 4 -39　斑须蝽

　　为害状：多在玉米 5 叶期前为害，心叶扭曲成鞭状，心叶表面皱缩，逐渐透明并出现不规则的孔洞，严重的根部出现分蘖。成株期也刺吸嫩叶、嫩茎及穗部，造成茎叶凋萎。

　　防治措施：①清除杂草及枯枝落叶，以消灭越冬成虫。②化学防治：3% 啶虫脒乳剂 3 000 倍液；48% 乐斯本（毒死蜱）乳油 1 000 ~ 2 000 倍液；5% 锐劲特

（氟虫氰）悬浮剂 2 000 倍液；50% 辛硫磷乳油 500 倍液喷雾。

12. 玉米蚜虫

形态特征：无翅胎生雌蚜：体长 1.8 ~ 2.2mm，淡绿色，足深灰色，腹管均为黑色。有翅胎生雌蚜：体长 1.6 ~ 1.8mm，翅展 5 ~ 6mm，头、胸黑色发亮。腹部绿色或黑绿色，翅透明，足黑色，腹管圆筒形（图 4 – 40）。

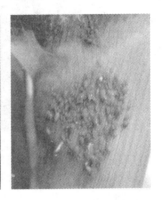

图 4 – 40　玉米蚜虫

为害状：蚜虫危害玉米心、叶、雄穗、花丝和苞叶，既吸食玉米的有机营养、影响光合作用，又能传播病害。

防治措施：用 10% 氯氰菊酯或 2.5% 辉丰菊酯，每亩 30ml 对水 20kg 进行喷雾，既防治玉米螟，也防治玉米蚜虫。

六、苗后化学除草

玉米 3 ~ 5 叶期是喷洒苗后除草剂的关键时期。苗后除草剂使用不当，容易出现药害，轻者延缓植株生长，形成弱苗，重者生长点受损，心叶腐烂，不能正常结实。药害产生主要原因是没有在玉米安全期（3 ~ 5 叶期）内用药、盲目加大施药量、重叠喷药、高温炎热时施药、几种药剂自行混配、和其他作物混用除草剂药械后没有洗刷干净、误用除草剂、和有机磷农药施用间隔过短、品种敏感等。

一但出现除草剂药害，要及时更换药桶，灌装清水喷雾冲洗受害部位；同时足量浇水，降低作物体内药物的相对浓度；追施速效化肥，促进作物迅速生长，提高植株自身抵抗药害的能力；严重时喷施植物生长调节剂，如赤霉素（920）、芸薹素内酯等，促进植株正常生长，减轻药害；人工剖开扭曲叶片，助心叶展开。如果药害不严重，加强管理后，玉米可以恢复正常生长，如果心叶已经腐烂

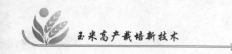

坏死，或者生长停滞，需补种或毁种（图4-41）。

图4-41　苗后除草时喷头加装防护罩

除草剂类型：有苯氧羧酸、磺酰脲类、三氮苯类、杂环化合物、三酮类、联吡啶、腈类等。

第三节　穗期管理

一、穗期发育特点及管理要点

（一）生长发育特点

玉米从拔节至抽雄穗这一阶段为穗期。一般经历25~35天。此期的生长发育特点是从拔节期开始，进入营养生长与生殖生长并进阶段。营养器官生长旺盛，地上部茎秆和叶片以及地下部次生根生长迅速，同时雄穗和雌穗相继开始分化和形成，植株由单纯的营养生长转向营养生长与生殖生长并进。穗期是玉米一生当中生长最旺盛的时期，也是玉米一生中田间管理的重要时期。

（二）田间管理的主攻目标

促秆壮穗，保证植株营养体生长健壮，果穗发育良好，达到茎粗、节短、叶茂、根深、植株健壮、生长整齐的长相，力争穗大、粒多。

（三）生产管理技术

1. 追肥

进入穗期阶段，植株生长旺盛，对矿质养分的吸收量最多、吸收强度最大，是玉米一生中吸收养分的重要时期，也是施肥的关键时期。春玉米从拔节到抽雄是吸收氮素的第一个高峰，30 天左右的时间吸收氮量占总量的 60%。拔节期追施氮肥有促进叶片茂盛、茎秆粗壮的作用；大喇叭口期追施氮肥，可有效促进果穗小花分化，实现穗大粒多。该阶段主要是追施速效氮肥，如尿素、碳酸氢铵、硫酸钾等。追肥量与时期可根据地力、苗情等确定，一般每亩追施尿素 20~25kg 或碳酸氢铵 50~65 千克。根据春玉米长势，可在拔节期、大喇叭口期追肥 1 次或 2 次。若长势差、肥料充足，可以在拔节期和大喇叭口期 2 次追肥，肥料不足则在拔节期一次追肥；玉米长势好、地力强、基肥足，可在大喇叭口期追肥一次。追肥时应在行侧距植株 10~15cm 范围开沟深施或在植株旁穴施，肥带宽度大于 3cm，深度在 10cm 以上为好，施肥后覆盖严密。如在地表撒施时一定要结合灌溉或有效降雨进行，以防造成肥料损失（图 4-42、图 4-43、图 4-44）。

图 4-42 小型中耕施肥机

图 4-43 全膜覆盖栽培玉米追肥

有条件的地方可采用中耕施肥机具或轻小型田间施肥机械，一机完成开沟、排肥、覆土和镇压等多道工序，相对人工地表撒施和手工工具深追施，机械中耕施肥可显著地提高化肥的利用率和作业效率。对追肥机具的要求是具有良好的行间通过性能，无明显伤根、伤苗问题，伤苗率小于 3%，追肥深度控制在 10~15cm，部位在作物植株行两侧 10~20cm，无明显断条，施肥后覆盖严密（图 4-45、图 4-46）。

2. 灌水

玉米拔节后，雌雄穗开始分化，茎叶生长迅速，玉米植株对水分的需求量增大，干旱会造成果穗有效花数和粒数减少，还会造成抽雄困难，形成"卡脖旱"。穗期若天气干旱，土壤缺水，就应进行灌溉（图 4-47）。

3. 中耕培土

中耕是在玉米生长期间进行田间管理的重要作业项目，其主要目的是及时追

图4-44 半膜覆盖栽培玉米追肥　　　　图4-45 小型机动施肥机

图4-46 机械施肥机

图4-47 田间喷灌与滴灌设施

施肥料，改善土壤状况，蓄水保墒，消灭杂草，提高地温，促使有机物的分解，为玉米生长发育创造良好的条件。玉米中耕作业的具体项目，应根据土壤条件，玉米生长状态和实际需要确定，有的着重除草，有的着重松土，有的着重培土或施肥，有的几项联合进行。培土可以促进地上部气生根的发育，有效地防止因根系发育不良而引起的倒伏，还可掩埋杂草，培土后形成的垄沟有利于田间灌溉和排水。中耕和培土作业可与施肥结合在一起进行，时间一般在拔节后至大喇叭口期之前进行。培土高度以 7～8cm 为宜。在潮湿、黏重的地块以及大风、多雨地区和大风、多雨年份，培土的增产、稳产效果较为明显。

（四）病虫草害防治技术

穗期是多种病虫的盛发期，主要有瘤黑粉病、顶腐病、叶斑病（大斑病、小斑病、灰斑病等）、褐斑病、玉米蚜虫、玉米穗虫等。玉米穗虫主要有玉米螟、桃蛀螟、玉米蚜、红蜘蛛和棉铃虫（主要发生在西部春玉米区）。主要防治措施为：

重点防治玉米螟和桃蛀螟。采用辛硫磷、毒死蜱或 Bt 颗粒剂施入喇叭口内防治；或在成虫发生期利用性诱剂、杀虫灯、糖醋液诱杀成虫；或在玉米螟卵高峰期人工释放赤眼蜂杀卵（图4－48）。

叶斑类病害可用 50％ 百菌清、50％ 多菌灵、75％ 代森锰锌等可湿性粉剂 500～800 倍液喷雾；玉米褐斑病和锈病发生严重时，可分别用 70％ 甲基硫菌灵可湿性粉剂和 20％ 三唑酮乳油喷雾防治。

图4－48　用赤眼蜂防治玉米螟

粘虫可用 50％ 辛硫磷 1 000 倍液或 80％ 敌敌畏乳油 2 000 倍液喷雾防治，可兼治棉铃虫、灰飞虱、玉米蚜。玉米蚜和红蜘蛛发生严重时，可用 2.5％ 吡虫啉、20％ 哒螨灵可湿性粉剂喷雾防治。

注意保护利用天敌控制害虫。玉米不仅是多种害虫发生的作物，而且也是多种天敌栖息繁殖的场所，保护好玉米田天敌不仅有利于控制玉米害虫，而且为翌年害虫天敌发生提供更多虫源，应注意保护利用。当玉米螟卵寄生率 60％ 以上时，可不施药而利用天敌控制危害；当益害比失调，应采用生物药剂防治。

田间杂草前期除草效果不好的田块，可用草甘膦加防护罩定向喷雾防治。今后应发展高地隙喷药机具或轻小型植保机械，开展专业化统一防治。采用机械式超低量喷雾器或静电喷雾器，提高高效植保机械应用效果和技术水平。提高喷施药剂的雾化性、对靶性和利用率，严防人畜中毒、生态污染和农产品农药残留超标。高地隙喷药机适于玉米等高秆作物中后期喷药，目前最先进的机型是地隙可

调式变量喷药机。

（五）化学调控技术

化学调控技术是指以应用植物生长调节物质为手段，通过改变植物内源激素系统，调节作物生长发育，使其朝着人们预期的方向和程度发生变化的技术。化学调控技术具有许多优点，技术简单、用量少、见效快、效益高、便于推广应用、多对环境和产品安全。

1. 化学调控应遵循以下原则

适用于风大、易倒伏的地区和水肥条件较好、品种易倒伏的田块。

增密种植，比常规大田密度亩增 500 ~ 1 000 株。

根据不同化控试剂的要求，在其最适喷药的时期喷施。

科学施用，掌握合适的施剂浓度，均匀喷洒在上部叶片上，不重喷、漏喷。

喷药后 6 小时内如遇雨淋，可在雨后酌情减量增喷 1 次。

2. 目前生产上推广应用的玉米生长调节剂

玉米健壮素。一般可降低株高 20 ~ 30cm，降低穗位 15cm；并使叶片上冲，根系增加，从而增强植株的抗倒耐旱能力。在 1% ~ 3% 的早发植株已抽雄和 50% 的雄穗将要露头时（用手摸其顶部有膨大感）用药最为适宜。每亩用 1 支（30ml）对水 20kg，晴天均匀喷在上部叶。

金得乐。一般在玉米 7 ~ 11 片展叶时，每亩用 1 袋（30ml）对水 15 ~ 20kg 喷雾，能缩短节间长度，矮化株高，增粗秸秆，降低穗位 15 ~ 20cm，从而抗倒伏。

玉黄金。在 6 ~ 8 片展叶时（玉米株高 0.5 ~ 1m）使用，每亩用 2 支（每支 10ml）对水 30kg 喷雾，能降低穗位和株高而抗倒，减少空秆、小穗，防秃尖。

二、穗期自然灾害

1. 干旱

典型症状与为害：穗期植株生长旺盛、受旱植株叶片卷曲、影响光合作用与干物质生产，并进一步由下而上干枯，植株矮化；吐丝期推后，易造成雌、雄花期不遇。抽雄前受旱，上部叶节间密集，抽雄困难，影响授粉；幼穗发育不好，果穗小，俗称"卡脖旱"（图 4 - 49）。

技术措施：①集中有限水源、实施有效灌溉，加强田间管理。②喷叶面肥（如磷酸二氢钾 800 ~ 1 000 倍液）或抗旱剂（如旱地龙 500 ~ 1 000 倍液），降温增湿，增强植株抗旱性。③加强田间管理。有灌溉条件的田块，灌后采取浅中耕，减少蒸发。④干旱绝产地块及时青贮；割黄腾地，发展保护地栽培或种植蔬

图 4 - 49　干旱造成叶片卷曲

菜等短季作物。

2. 倒伏

典型症状与为害：小喇叭口期倒伏植株可自然恢复直立生长。大喇叭口期后遇风灾发生倒伏，植株恢复直立生长的能力变弱，相互倒压，影响光合作用，应当及时扶起并培土固牢（图 4 - 50、图 4 - 51）。

图 4 - 50　大风暴雨导致植株倒伏　　　　**图 4 - 51　人工扶直**

技术措施：①在风灾倒伏常发区注意合理密植；土壤深松、破除板结；增施有机肥和磷、钾肥，忌偏肥，拔节期避免过多追施氮肥。②喷施生长调节剂。③通常风灾伴随雨涝，受灾后应及时排水，扶直植株、培土、中耕、破除板结，可适时增施速效氮肥，加速植株生长能力。④防控玉米螟等病虫害。⑤对茎折玉米要及时拔除，可做青饲料。

3. 冰雹

典型症状与为害：砸伤玉米植株，砸断茎秆；叶片破碎；冻伤植株；地面板结；茎叶创伤后感染病害。拔节与孕穗期茎节未被砸断，通过加强管理，仍能恢复（图4-52）。

图4-52　受雹灾玉米

技术措施：①做好雹灾预报，完善土炮、高炮、火箭等防雹设施，及时预防和消灾。②及时中耕松土，破除板结层，提高地温。③追施速效氮肥和叶面喷肥，改善玉米营养条件。④挑开缠绕在一起的破损叶片，以使新叶顺利长出。⑤及时查苗，若穗节20%～60%被砸断，应及时锄掉砸断的玉米棵，补种大豆等作物，弥补损失；70%以上砸断，可毁种其他作物。

三、穗期病害的识别与防治

1. 瘤黑粉病

典型症状与为害：病害主要发生在玉米穗部，雌穗被侵染后多在果穗上半部形成病瘤，严重时全穗形成如拳头大的畸形菌瘤。菌瘤成熟后，外膜破裂散出大量黑粉（冬孢子）；瘤黑粉病为局部侵染性病害，穗部侵染后，整个果穗成为畸形菌瘤，无籽粒可收获（图4-53）。

防治措施：般连作田、高肥密植田往往发病较重。①选用抗病品种。②深翻土壤，减少菌源。③合理密植，通风透光。④轮作，玉米瘤黑粉病主要在土壤中越冬，所以大面积轮作倒茬是防治其病害发生的主要措施。⑤必要时用0.2%硫酸铜或三效灵克菌丹等拌种，用15%粉锈宁等可湿性粉剂喷雾防治。

2. 鞘腐

典型症状与为害：2012年在宁夏原州区官厅镇大堡村试验基地首次发生鞘

图 4－53 玉米瘤黑粉病

腐病。病害主要发生在玉米生长后期、籽粒形成直至灌浆充实期。叶鞘形成不规则褐色腐烂状病斑。病斑初为椭圆形或褐色小点，后逐渐扩展，直径可达15mm。叶鞘背面褐变重于叶鞘正面，田间湿度大时病斑中心部位产生粉白色霉层（图4－54）。

图 4－54 玉米鞘腐病

防治措施：目前该病在我国属新发生病害，并有加重为害趋势，发生规律及防治措施有待深入研究。

①选用抗病品种。②合理轮作，提高土壤墒情。③收获后清除病残体，减少菌源，减缓病害的发生。④必要时用50%苯莱特、70%甲基硫菌灵可湿性粉剂喷

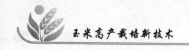

雾防治。

3. 细菌性茎腐病

典型症状与为害：中下部叶鞘及茎节上出现水渍状腐烂，病组织软化，溢出菌液，有时散发出臭味，植株从病部倒折（图4-55）。

图4-55　细菌性茎腐病

防治措施：①已发病株没有有效挽救措施。发病初期可喷洒5%菌毒清水剂600倍液或农用硫酸链霉素4 000倍液，有一定效果。②及时拔除病株，携出田外

集中深埋。

4. 褐斑病

典型症状与为害：喇叭口末期始见发病，抽穗期致乳熟期为显症高峰期。病害主要发生在叶鞘、叶片和茎秆上。叶鞘上病斑为褐色，圆形或椭圆形。叶片上常形成大面积的褪绿小斑点，颜色逐渐加深，为黄褐色（图4-56）。

防治措施：①选用抗病品种。②合理轮作，提高土壤墒情。③收获后清除病残体，减少菌源，减缓病害的发生。④必要时用50%苯莱特、70%甲基硫菌灵可湿性粉剂喷雾防治。

5. 顶腐病

典型症状与为害：感病植株多矮小，顶部叶片短小，组织残缺不全或皱褶扭曲；雌穗小，多不结实；茎基部节间短小，常有似虫蛀孔道状开裂，纵切面可见褐变；根系不发达，根冠腐烂褐变；或出现顶生雌穗；湿度大时，病部出现粉白

图4－56　褐斑病

色霉状物（图4－57）。

图4－57　玉米顶腐病

　　防治措施：①选用抗病品种。②深翻土壤，减少菌源。③合理密植，通风透光。④必要时用50%多菌灵、80%代森锰锌可湿性粉剂喷雾防治。

四、穗期虫害的识别与防治

1. 亚洲玉米螟

形态特征：幼虫背部黄白色至淡红褐色，背线明显，两侧有较模糊的暗褐色亚背线。

为害状：初孵幼虫群聚取食心叶叶肉，留下白色薄膜状表皮，呈花叶状；幼虫蛀食心叶，叶展开后，出现整齐的排孔（图4-58）。

图4-58 玉米螟成虫、幼虫及为害状

防治措施：根据田间调查，当玉米螟卵寄生率60%以下时，可不施药而利用天敌控制危害。当益害虫比失调，花叶株率达10%时，可灌心或喷药。①颗粒剂灌心：用3%广灭丹颗粒剂、0.1%、0.15%氟氯氰颗粒剂、14%毒死蜱颗粒剂、3%丁硫克百威颗粒剂、3%辛硫磷颗粒剂、Bt制剂、白僵菌制剂等撒入喇叭口内。②喷雾：于幼虫3龄前，叶面喷洒2.5%氯氟氰菊酯乳油2 000倍液、5%高效氯氰菊酯乳油1 500倍液、用75%拉维因3 000倍液等药液。③在玉米螟、棉铃虫卵期，释放赤眼蜂2～3次，每亩释放1万～2万头。④利用性诱剂或杀虫灯诱杀成虫。

2. 棉铃虫

形态特征：幼虫体色变化很大，从黄白色到黑褐色大致可分9种类型，以绿色及红褐色为主。

为害状：取食心叶可造成虫孔，较玉米螟为害的虫孔粗大，边缘不整齐，常见粒状粪便（图4-59）。

防治措施：同防治玉米螟。

3. 斜纹夜蛾

形态特征：幼虫黄绿至墨绿或黑色，腹节有近似半月形或三角形黑斑1对。

图4－59　棉铃虫成虫、幼虫及为害状

为害状：初孵幼虫群集取食叶片成筛网状。2龄后散开，常将叶片吃光，仅留主脉（图4－60）。

图4－60　斜纹夜蛾成虫、幼虫及为害状

防治措施：①化学药剂喷雾，用4.5%高效氯氰菊酯乳油1 000～1 500倍液、50%辛硫磷乳油1 000倍液、48%毒死蜱乳油1 000倍液、3%啶虫脒乳油1 500～2 000倍液、20%虫酰肼1 000～1 500倍液等杀虫剂喷雾防治。②成虫发生期，利用糖醋液、杀虫灯、性诱剂等诱杀成虫，压低虫口基数。

4. 粘虫

形态特征：体色黄褐到墨绿色。头部红褐色，有棕黑色"八"字纹，头盖有网纹，背中线白色较细，两边为黑细线，亚背线红褐色。

图 4 – 61　粘虫为害状

为害状：为害叶片成缺刻状，或吃光心叶，形成无心苗；严重时能将幼苗地上部全部吃光，或将整株叶片吃掉只剩叶脉（图 4 – 61）。

防治措施：同斜纹夜蛾。

5. 双斑莹叶甲

形态特征：成虫长卵形，每个鞘翅各有 1 个近于圆形的淡色斑，周缘为黑色，淡色斑的后外侧常不完全封闭。

为害状：以成虫为害玉米叶片、雄穗和雌穗。取食叶肉，仅留表皮，受害玉米叶片呈现大片透明白斑（图 4 – 62）。

防治措施：用 50% 辛硫磷乳油 1 500 倍液、1.8% 阿维菌素乳油 2 000 倍液、5% 啶虫脒可湿性粉剂 2 000 ~ 2 500 倍液、10% 吡虫啉可湿性粉剂 1 000 倍液、10% 氯氰菊酯乳油 3 000 倍液喷雾，最好在清晨或傍晚害虫不活跃时喷药。

图 4 – 62　双斑莹叶甲成虫及为害叶片和果穗状

6. 褐足角胸叶甲

形态特征：成虫卵形或近方形，体色大致可分为 6 种：标准型、铜绿鞘型、蓝绿型、黑红胸型、红棕型和黑足型。

为害状：成虫啃食叶肉残存表皮或造成穿孔，呈不规则白色筛网状或破碎状。心叶受害，呈牛尾状（图 4 – 63）。

防治措施：同双斑莹叶甲。

图 4 - 63　褐足角胸叶甲

7. 红蜘蛛

形态特征：有多种，体椭圆形，深红色或锈红色（图 4 - 64）。

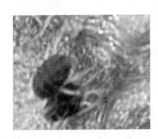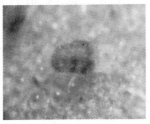

图 4 - 64　红蜘蛛

为害状：群聚叶背吸取汁液，使叶片呈枯黄色或灰白色细斑，严重时干枯。

防治措施：①用 20% 哒螨灵可湿性粉剂 2 000 倍液、5% 噻螨酮乳油 2 000 倍液、10% 吡虫啉可湿性粉剂 1 000 ～1 500 倍液，或者用 1.8% 阿维菌素乳油 4 000 倍液喷雾。②高温干旱时，及时浇水，控制虫情发展。

8. 甜菜夜蛾

形态特征：体色变化很大，从绿色至黄褐色至黑褐色，背线有或无。

为害状：被害叶片呈孔洞或缺刻状，严重时叶片仅剩下叶脉（图 4 - 65）。

防治措施：①化学药剂喷雾，用 4.5% 高效氯氰菊酯乳油 1 000 ～1 500 倍液、50% 辛硫磷乳油 1 000 倍液、48% 毒死蜱乳油 1 000 倍液、3% 啶虫脒乳油 1 500 ～2 000 倍液、20% 虫酰肼 1 000 ～1 500 倍液等杀虫剂喷雾防治。②成虫发生期，利用糖醋液、杀虫灯、性诱剂等诱杀成虫，压低虫口基数。

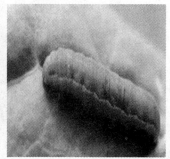

图4-65　甜菜夜蛾成虫、幼虫及为害状

第四节　花粒期管理

一、花粒期发育特点及管理要点

（一）生长发育特点

玉米花粒期是指从抽雄至成熟。一般经历45～50天。进入花粒期，根、茎、叶等营养器官生长发育停止，继而转向以开花、授粉、受精和籽粒灌浆为核心的生殖生长阶段，是产量形成的关键时期，玉米籽粒产量的80%～90%是此期产生的。籽粒开始灌浆后根系和叶片开始逐渐衰亡。

（二）田间管理的主攻目标

保证授粉，促进籽粒灌浆成熟；维持较高的光合作用能力，防止后期早衰，促进籽粒灌浆，保证正常成熟，争取粒多、粒饱，实现高产。

（三）生产管理技术

1. 防止吐丝期干旱

玉米在抽雄至吐丝期耗水强度最大、对干旱胁迫的反应也最敏感，是玉米一生当中的水分"临界期"。干旱发生的时间距离吐丝期越近，减产幅度也越大。吐丝期干旱主要是影响玉米植株正常的授粉、受精和籽粒灌浆，使秃尖增多，穗粒数减少，千粒重降低。在生产当中要防止抽雄至吐丝期出现干旱，有补充灌溉条件的地块可根据天气情况灵活掌握灌溉。此外，在灌浆期，茎叶的可溶性有机物质，要靠水分才能大量向正在发育的籽粒运送，因此，也需要适当供给水分。

2. 高产田酌情追施花粒肥

抽雄至吐丝期间追施的肥料称为花粒肥，主要作用是提高叶片光合作用和延长光合时间，促进籽粒灌浆、防止后期植株脱肥早衰，提高千粒重。花粒肥以速效氮肥为宜，施肥量不宜过多，一般每亩可追施尿素 5～7.5kg，磷酸二氢钾200g 在玉米行侧深施或结合灌溉施用。对高密度田块和高产田更应重视追施花粒肥。

3. 雌雄不协调时可进行人工辅助授粉

在玉米抽雄至吐丝期间，干旱、阴雨寡照以及极端高温等不利天气条件常会导致雌雄发育不协调，影响果穗结实。此时，可在有效散粉期内采用人工辅助授粉提高结实率、增加穗粒数。比较简单的做法是，在两个竖竿顶端横向绑定木棍或粗绳，两人手持竖竿横跨玉米垄行走，用横竿或粗绳轻轻击打雄穗，帮助花粉散落。人工辅助授粉过程宜在晴天上午9点以后至下午4点以前进行。

（四）病虫害防治技术

花粒期是植株生殖生长旺盛和籽粒产量形成的关键时期，玉米植株根系吸收的营养及叶片光合作用的产物甚至植株本身的营养成分都向果穗输送，植株的抗性降低，易受到病虫害的侵袭。该时期是各种叶斑病的发病时期和病毒病、瘤黑粉病、顶腐病、丝黑穗病、茎腐病等多种病害的显症时期，也是果穗害虫为害的高峰期。此时，田间玉米植株高大郁密，加之夏季的酷热高温，现有的一般化学农药喷雾等技术措施虽有明显效果，但田间操作困难，防治成本相对较高，导致难以推广应用，所以，该时期玉米病虫害防治主要是利用抗病品种，辅助其他耕作、栽培措施。

二、花粒期生长异常

1. 雌雄穗花期不遇

典型症状与为害：玉米雌穗抽丝期与雄穗散粉期不一致，即雌雄花期不遇，从而影响授粉和结实，造成空秆和结实率下降（图 4-66）。

原因：①品种遗传特性。②对干旱、高温、阴雨寡照等不良环境条件反应敏感，导致玉米雌雄穗花期间隔延长。

技术措施：①选用雌雄发育协调好，对环境反应不敏感的品种。②注意肥水供应，防止干旱、涝淹及脱肥。③若雄穗早出，可将果穗苞叶剪掉1cm 左右；若吐丝偏早，可剪短花丝，使花期相遇。④人工辅助授粉，提高结实率。

2. 空秆

典型症状与为害：无穗或有穗无粒（果穗结实在30 粒以下）。

图4-66　雌雄穗花期不遇

原因：品种不适合当地生态条件；密度偏大、施肥量不足造成玉米雌雄穗营养不良；抽雄授粉期前后高温干旱，不能正常授粉受精；抽雄散粉时期连绵阴雨；营养失调；种子纯度低、田间管理、病虫草为害等造成的田间整齐度差或缺苗后补种、补栽造成的小弱苗（图4-67）。

技术措施：①选用良种和高纯度的种子，合理密植。②提高播种质量、选留壮苗匀苗，提高群体生长整齐度。③保障大喇叭口期至籽粒建成期水肥供给。④及时防治病虫草害。

3. 秃顶

典型症状与为害：果穗顶部不结实，穗粒数减少（图4-68）。

原因：授粉、籽粒形成及灌浆阶段遇干旱、高温或低温、连续阴雨、缺氮、叶部病害等。需水量大的品种或对光、温、水反应敏感的品种；土地瘠薄，水分供应不足，后

图4-67　空秆玉米

期脱肥；种植过密情况下更容易发生。

技术措施：选用抗、耐病虫、适应性强、结实性好的品种；合理密植；遇不良条件，人工辅助授粉；科学肥水管理；保证大喇叭口期至灌浆期水肥供给；及时防治病虫草害。

图 4-68　秃顶玉米穗

4. 籽粒不饱满

典型症状与为害：粒瘪、皱缩、穗轻原因：玉米早衰或干旱、叶部病害、严重缺钾、乳熟—蜡熟期遭受冰雹为害等，造成营养不足、灌浆不好（图 4-69）。

技术措施：同秃顶。

5. 缺籽

典型症状与为害：果穗一侧自基部到顶部整行没有籽粒，穗形多向缺粒一侧弯曲（形似香蕉）；或果穗结很少籽粒，在果穗上呈散乱分布；或果穗顶部籽粒细小，呈白色或黄白色，形成秃顶（尖）（图 4-70）。

原因：品种遗传因素；授粉、籽粒形成及灌浆期遇高（≥35℃）、低（≤15℃）温、干旱、阴雨、寡照及缺氮、缺磷；种植密度偏大；叶部病害和蚜虫为害等造成授粉不良或败育。

技术措施：同秃顶。

6. 果穗畸形

典型症状与为害：果穗呈脚掌状、哑铃状等畸形。原因：哑铃状果穗可能与果穗中部的花丝因某些不明原因造成不能受精有关。脚掌状等其他果穗发生畸形的原因不详（图 4-71）。

技术措施：为偶发现象，不需预防。

图 4 - 69　籽粒不饱满穗

图 4 - 70　缺籽穗

7. 籽粒发霉

典型症状与为害：果穗上出现发霉籽粒。不同穗腐病菌 造成的霉变籽粒颜色不同，有粉白色、砖红色、墨绿色、黄色、黑色、灰色等（图 4 - 72）。

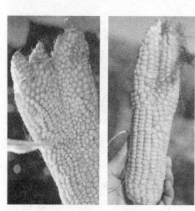

图 4 - 71　畸形穗

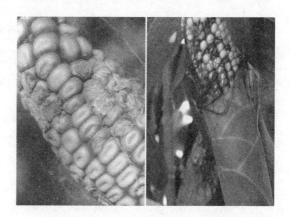

图 4 - 72　籽粒发霉、苞叶短，霉烂

原因：穗腐病的发生与气候条件密切相关。

灌浆成熟阶段如遇连续阴雨天气易发生。果穗被害虫咬食，穗腐病会更重。

技术措施：防治穗腐病及玉米螟。

8. 穗发芽

典型症状与为害：灌浆成熟阶段或收获后遇阴雨及在潮湿条件下，籽粒在母体果穗或花序上发芽的现象，玉米制种田较常见。（图 4 - 73）。

原因：休眠期短的品种；收获后晾晒不及时。

技术措施：①选用休眠期长的品种。②适时收获、及时晾晒，也可进行人工干燥。③药剂防治。PP333 具有抑制内源 GA 合成，防治穗发芽的作用。

9. 多穗

典型症状与为害：株结 2 个以上雌穗（图 4-74）。

原因：第一果穗发育受阻或授粉、受精不良；品种特性；碳、氮代谢不协调，种植密度过大、过小；苗期生长受阻，抽雄开花期肥水过多、生长过旺等因素，引起多个节上发育成熟

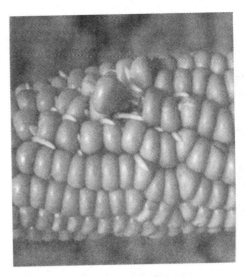

图 4-73　穗粒发芽

的雌性花序，导致多穗。全膜双垄沟播后，水肥热量条件好，双穗率高，时常还出现第三穗，应尽早掰除第三穗，减少养分消耗。

技术措施：①选择适宜的优良品种。不宜选用易产生多穗的自交系作育种材料。②加强水肥管理，保证雌、雄穗均衡发育。③适时播种，合理密植。④加强田间管理，发现多穗及时掰掉，避免消耗养分。

10. 香蕉穗

典型症状与为害：主果穗苞叶的叶芽发育，形成如香蕉的多个无效穗（图 4-75）。

原因：主果穗发育受阻或授粉、受精不良。

与品种基因型及环境条件诱发有关，具体原因不详。

技术措施：①选择适宜的优良品种。不宜选用易产生多穗的自交系作育种材料。②加强水肥管理，保证雌、雄穗均衡发育。③适时播种，合理密植。④加强田间管理，发现多穗及时掰掉，避免消耗养分。

11. 顶生雌穗

典型症状与为害：为分蘖形成的果穗。

当植株生长点受到冰雹、涝害、除草剂及机械等损伤后，发生分蘖，易产生顶生雌穗。品种特性因素（图 4-76）。

图4-74 多穗株

图4-75 香蕉穗玉米

图4-76 顶生雌穗

原因：玉米"返祖现象"，多由未去除的分蘖发育而成。一些品种在早期土壤紧实或水分饱和情况下易发生。

技术措施：为偶发现象，不需要预防。

12. 雄穗结实

典型症状与为害：多在顶端雄穗结实形成籽粒，返祖现象。一般无籽粒收获。

原因：2012年在原州开城镇深沟村示范户田块，发病率在1.2‰以上，种植品种为长城706杂交种，可能为"返祖现象"（图4-77）。

技术措施：目前还没有有效的防治方法。

雄穗结实　　　　无雄穗、雌穗无苞叶　　　　无雄穗　　　　雌雄同位

图4-77　玉米雄穗结实

三、花粒期病害的识别与防治

1. 瘤黑粉病

症状描述：在玉米植株的任何地上部位都可产生形状各异、大小不一的瘤状物，主要着生在茎秆和雌穗上（图4-78）。

图4-78　瘤黑粉病

防治技术：应及早将病瘤摘除，并带出田间销毁。来年种植抗病品种。

2. 玉米丝黑穗病

症状描述：黑穗型：受害果穗较短，基部粗顶端尖，不吐花丝，除苞叶外整个果穗变成黑粉包，其内混有丝状寄主维管束组织。畸形变态型：雄穗花器变形，不形成雄蕊，颖片呈多叶状；雌穗颖片也可过度生长成管状长刺，呈"刺猬头"状，整个果穗畸形。田间病株多为雌雄穗同时受害（图4-79）。

防治技术：①用2%戊唑醇拌种剂按种子重量的0.2%拌种。也可选用含有三唑类杀菌剂的种衣剂处理种子，均可获得良好的防病效果。玉米自交系抗药性

图4-79　丝黑穗病

差，药剂拌种时应予注意。②精细整地，适当浅播，足墒下种，促进快出苗、出壮苗，提高植株的抗病能力。③采用地膜覆盖提高地温，保持土壤水分，使玉米出苗和生育进程加快，从而减少发病机会。④及时清除病穗，减少菌源。

3. 大斑病

症状描述：病斑大小为（50～100）mm×（5～10）mm，有些病斑可长达200mm。由植株下部叶片先开始发病，向上扩展。病斑主要的3种类型如下。

黄褐色，中央灰褐色，病斑较大，出现在感病品种上；黄褐色或灰绿色，外围有明显的黄色褪绿圈；紫红色，周围有黄色和淡褐色（紫色）褪绿圈（图4-80）。

图4-80　玉米大斑病

防治技术：玉米大斑病在原州区发病较重，几乎每个田块都有病害发生，应将其作为主要防治对象。①种植抗病品种。②加强栽培管理，及时深翻，施足底肥，及时追肥。③药剂防治。在发病早期可采用10%苯醚甲环唑1 000倍液、25%丙环唑乳油2 000倍液、80%代森锰锌可湿性粉剂500倍液或50%多菌灵可湿性粉剂500倍液喷雾。

4. 小斑病

症状描述：病斑主要发生在叶片上，有3种：一是长形斑，受叶脉限制；二是梭形斑，病斑不受叶脉限制，多为椭圆形；三是点状斑（图4-81）。

防治技术：与大斑病防治相同。

5. 弯孢菌叶斑病

症状描述：病斑一般从上部叶片向中下部蔓延。大小为（2~5）mm×（1~2）mm，最大的可达7mm。病斑中心灰白色，边缘黄褐或红褐色，外围有淡黄色晕圈，并具黄褐相间的断续环纹，似"眼"（图4-82）。

状防治技术：与大斑病防治相同。

 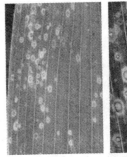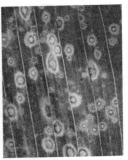

图4-81　玉米小斑病　　　　　图4-82　玉米弯孢菌叶斑病

6. 灰斑病

症状描述：主要为害叶片，也可侵染叶鞘和苞叶。病斑于发病初期为淡褐色，渐扩展为灰褐色、灰色至黄褐色的长条状或矩形斑，与叶脉平行延伸，并受叶脉限制。由植株下部叶片先开始发病，向上扩展。在抗病和感病品种上表现的病斑大小、形状等差异较大，且容易与玉米小斑病相混淆（图4-83）。

防治技术：①种植抗病品种。②加强栽培管理，及时深翻，施足底肥，及时追肥。③药剂防治。在发病早期可采用10%苯醚甲环唑1 000倍液、25%丙环唑乳油2 000倍液、80%代森锰锌可湿性粉剂500倍液或50%多菌灵可湿性粉剂500倍液喷雾。

7. 茎基腐病

症状描述：一般在乳熟后期开始表现症状，茎基部发黄变褐，内部空松，手

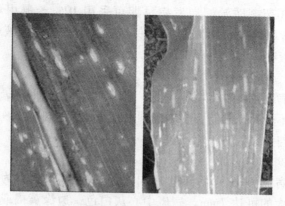

图4-83　玉米灰斑病

可捏动，根系水浸状或红褐色腐烂，果穗下垂。分为青枯型和黄枯型：青枯型为整株叶片突然失水干枯，呈青灰色。黄枯型为病株叶片从下部开始逐渐变黄枯死。一般在较抗病品种上或环境条件不利于发病的情况下常常出现黄枯症状（图4-84）。

图4-84　玉米茎基腐病

防治技术：①发病后没有有效方法挽救，播种时用生物型种衣剂 ZSB 或满适金、卫福等包衣，可降低部分发病率。②施穗肥时增施钾肥也可降低发病率，并增加植株的抗倒性。

8. 疯顶病（雌雄穗畸形）

症状描述：雄穗全部或者部分花序发育成变态叶，簇生，使整个雄穗呈刺头状，故称疯顶病；雌穗分化为多个小穗，呈丛生状，小穗内部全部为苞叶，无花丝，无籽粒（图4－85）。

防治技术：①发病后无有效挽救措施，重病田与棉花或豆类轮作。②常发地块用35%瑞毒霉按种子量的0.3%或25%甲霜灵可 图4－85 疯顶病湿性粉剂按种子重量的0.4%拌种有一定效果。③播种后或苗期防止种子或幼苗田间积水。

9. 穗（粒）腐病

症状描述：整个果穗或部分籽粒腐烂。表面被灰白色、粉红色、红色、灰绿色、紫色霉层、青灰色、黑色、黄绿色或黄褐色所覆盖。严重时，穗轴或整穗腐烂（图4－86）。

图4－85　玉米疯顶病　　　　　　　图4－86　玉米穗（粒）腐病

防治技术：无有效挽救措施，早期可折断病果穗霉烂顶端，防止进一步扩展。收获后霉烂籽粒深埋处理，不可入仓，否则易导致烂仓。发霉籽粒中含有毒素，也不可作饲料。

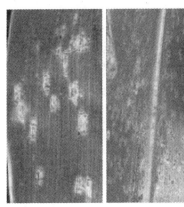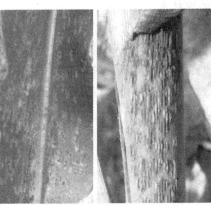

图4－87　玉米锈病

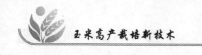

10. 锈病

症状描述：叶片上散生黄色小斑点，病斑逐渐隆起，呈圆形或椭圆形，黄褐色或红褐色（图4-87）。

防治技术：早期可用15%粉锈宁可湿性粉剂1000倍液、10%苯醚甲环唑1000倍液、25%丙环唑乳油2000倍液或12.5%烯唑醇可湿性粉剂1000倍液喷雾。

四、防早衰与促早熟管理技术

1. 防早衰技术

早衰指玉米在灌浆乳熟阶段，植株叶片枯萎黄化、果穗苞叶松散下垂、茎秆基部变软易折、千粒重降低造成的减产现象，农民称之为"返秆"。一般多发生在壤土、沙壤土、种植密度较大和后期脱肥的田块，有些是镰孢菌茎腐病的黄枯类型，茎秆变软易折，根系枯萎，果穗下部叶片枯萎，上部叶片呈黄绿色，有时呈水渍状，全株叶片自下而上逐渐枯死。玉米防止早衰技术包括：

使用抗早衰品种，确定适宜密度，改善群体光照、水分及营养条件。

科学合理施肥，生育后期用肥，特别是保证钾肥用量，使植株有充足的营养，增强光合作用，防止早衰。

及时灌溉及排水，使根系处于良好生长环境。

隔行去雄，及时掰除无效穗，防止不必要的养分消耗，使主穗正常生长发育。

及时防治病虫害，特别是茎腐病、叶部病害和红蜘蛛。

2. 促早熟管理技术

由于播种过晚、苗期发育延迟、C/N比值过小、营养失调等原因影响玉米生长发育周期，从而出现营养生长过旺，生殖生长延迟的现象被称作贪青晚熟。贪青晚熟的玉米成熟延迟，植株病虫害和倒伏严重发生，产量降低。另外，跨区引种、盲目引种，使用晚熟品种，也会造成玉米不能正常成熟，在非正常年份减产甚至绝产，品质下降。

管理技术包括：

选生育期适宜的品种及相适应的种植技术。

适时播种，播种时间不迟于推荐的最晚播期。

及时定苗，促进早期发育。

增施钾肥，中后期喷施磷酸二氢钾；减少中后期氮肥投入。

去除空秆和小株。

打掉底叶，带秆采收，促进后熟。

玉米灌浆结束后将苞叶剥开，促进籽粒成熟。

第五节 收获期管理

一、成熟标志

玉米籽粒生理成熟的标志主要有两个：一是籽粒基部剥离层组织变黑，黑层出现；二是籽粒乳线消失。

玉米授粉后30天左右，籽粒顶部的胚乳组织开始硬化，与下部多汁胚乳部分形成一横向界面层即乳线。随着淀粉沉积量增加，乳线逐渐向下推移。授粉后50天左右，果穗下部籽粒乳线消失，籽粒含水量降到30%以下，果穗苞叶变白并且包裹程度松散，此时粒重最大，产量最高，是最佳的人工收获时期。本地玉米大多在9月下旬至10月上旬收获（图4-88）。

有些地方有早收的习惯，常在果穗苞叶刚发黄时收获，此时玉米正处于蜡熟期，千粒重仅为完熟期的90%左右，一般减产在10%左右。自蜡熟开始至完熟

图4-88 玉米成熟期

期，每晚收 1 天，千粒重将增加 1～5g，亩增加产量 5～10kg。玉米适时收获不增加农业生产成本，可以大幅度提高产量，是玉米增产增效的一项行之有效的技术措施（图 4-89、表 4-8）。

表 4-8　不同收获期玉米籽粒乳线高度与粒重水平

	授粉后灌浆时间（天）					
	30	40	45	50	55	60
乳线高度	4/5	1/2	1/3	1/5	1/10	无
相对生理成熟期粒重比例（%）	50	65	80	90	95	100

二、收获

（一）机械收获

玉米机械化收获技术是在玉米成熟时，根据其种植方式、农艺要求，用机械完成对玉米的茎秆切割、摘穗、剥皮、脱粒、秸秆处理等生产环节的作业技术。联合收获作业机械化程度高，可以大幅度地提高劳动生产效率，减轻劳动强度，减少收获损失，能及时收获和清理田地，因此得到快速发展。

1. 收获机机型

我国玉米收获机主要机型有背负式和自走式，两种机型只是动力来源形式不同，工作原理相同。自走式玉米联合收获机自带动力，背负式需要与拖拉机配套使用，一次进地均可完成摘穗、剥皮、集箱、秸秆粉碎联合作业。主要由割台、输送器、粮仓、秸秆粉碎还田机等部件组成。背负式价格低廉，并可充分利用现有拖拉机，一次性投资相对较少，但操控性及专业化程度不及自走式。自走式玉米联合收获机自带动力，该类产品国内目前主要机型是 3 行和 4 行，其特点是工作效率高，作业效果好，使用和保养方便，但其用途专一、价格昂贵，投资回收期较长。目前我国玉米收获机以背负式为主（图 4-90）。

2. 收获方式

世界各国在机械收获玉米时有两种方式：一种是用谷物联合收割机配带玉米割台直接收获玉米籽粒；另一种是采用专用的玉米收获机械收获玉米果穗。需要回收秸秆再利用的地区，可以选用穗茎兼收型玉米收获机。本地区旱地玉米品种熟期偏晚，收获时籽粒含水量偏高（30%～40%），并且缺乏烘干条件，因此，使用玉米收获机作业主要以实现摘穗为目标，极少采用直接脱粒的联合收获方式，所以一般要求收获机完成摘穗（剥皮）、集果、清选、秸秆粉

自走式

自走式

互换割台式
（张东兴提供）

茎穗兼收型
（张东兴提供）

图 4－90　国内外几种不同类型的玉米收获机

碎等作业。

要直接完成脱粒作业，需选用熟期较早的品种或推迟收获期，让玉米籽粒在田间脱水到含水量 23% 以下。一般旱地玉米完熟期籽粒含水量在 30% 左右，以后每天下降 0.4 ~ 0.8 个百分点。

玉米联合机械收获适应于等行距，行距偏差 ±5cm 以内，倒伏程度小于 5%，最低结穗高度 35cm、果穗下垂率小于 15% 的地块作业。

3. 收获时期

按照玉米成熟标准和农事，确定收获时期。适期收获玉米是增加粒重，减少损失，提高产量和品质的重要生产环节。在宁南山区高海拔区域霜期相对较早，许多区域玉米在蜡熟末期收获。清水河、红河、葫芦河川道区等低海拔流域玉米一般在完熟后 2 ~ 4 周或更晚直接脱粒收获，收获时籽粒含水量常下降到 15% ~ 25%。

4. 质量要求

机械收获籽粒损失率≤2%、果穗损失率≤3%、籽粒破碎率≤1%、苞叶剥净率≥85%、果穗含杂率≤3%；留茬高度（带秸秆还田作业的机型）≤10cm、还田茎秆切碎合格率≥85%。

（二）人工收获

宁南山区除露地玉米机械收获外，覆膜玉米一般采用人工收获。收获时籽粒损失率几乎为零，同时能较好的保护好地膜，达到保墒蓄墒作用，但人工收获相对成本较高，一般为每亩 100 元以上。

三、青贮收获

青贮玉米是指以新鲜茎叶（包括穗）生产青饲料或青贮饲料的玉米品种或类型。根据用途又分为专用、通用和兼用 3 种类型。青贮专用型指只适合作青贮的玉米品种；青贮兼用型指先收获玉米果穗，再收获青绿的茎叶用作加工青贮

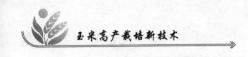

（俗称黄贮）；青贮通用型是既可作普通玉米品种在成熟期收获籽粒，也可用于收获包括果穗在内的全株用作青饲料或青贮饲料。

遵循产量和质量均达到最佳的原则，用于青贮的玉米最佳收获时期为乳熟末期至蜡熟初期，乳线高度在 $1/3 \sim 2/3$。收割期提前，鲜重产量不高，而且不利于青贮发酵。过迟收割，黄叶比例增加，含水量降低，也不利于青贮发酵。青贮兼用型玉米在收获玉米果穗后应尽早收获青绿的茎叶用作青贮。

青贮玉米收割部位应在茎基部距地面 3cm 以上，因为茎基部比较坚硬，纤维含量高、不易消化、适口性差，青贮发酵后牲畜不爱吃，在切碎时还容易损坏刀具；另外，提高收割部位可以减少杂质杂菌等带入窖内而影响青贮发酵的质量。大面积种植青贮玉米最好采用青贮收割机。玉米青贮机械收获要求，秸秆含水量 $\geqslant 65\%$，秸秆切碎长度 $\leqslant 3cm$，切碎合格率 $\geqslant 85\%$，割茬高度 $\leqslant 15cm$，收割损失率 $\leqslant 5\%$。

四、整地作业

（一）秸秆还田

玉米秸秆还田的方式主要有直接还田（翻耕还田，覆盖还田）和间接还田（养畜过腹还田、沤肥还田）。随着机械化收获和秸秆粉碎机械作业的推广，玉米秸秆直接还田的面积逐步扩大。

秸秆粉碎覆盖还田。在玉米收获时用玉米联合收割机或用秸秆粉碎机械将收获后的秸秆就地粉碎并均匀抛撒在地表覆盖还田，用免耕播种机直接进行下茬作物播种。秸秆粉碎要细碎均匀，秸秆长度不大于 10cm、铺撒均匀，留茬高度小于 15cm。

秸秆粉碎后翻埋还田，整地后播种下茬作物。用犁耕翻埋还田时，耕深不小于 20cm，旋耕翻埋时，耕深不小于 15cm，耕后耙透、镇实、整平，消除因秸秆造成的土壤架空，为播种和作物后期生长创造条件。与翻埋还田相比，覆盖还田既把秸秆作为覆盖物，起到减少风蚀、水蚀，减少蒸发的保土保水作用，并且作业次数少、作业成本低。因此，秸秆覆盖还田的综合效益、可持续发展效益好于翻埋还田，是今后的发展方向。

玉米整秆翻埋还田时，应选择重型四铧犁或高柱五铧犁，产量较低时选择与小四轮拖拉机配套的秸秆编压覆盖机等。

根茬还田。在玉米收获后，采用根茬粉碎还田机将残留在地里的玉米根茬进行直接粉碎还田。

秸秆粉碎机主要用于田间直立或铺放秸秆的粉碎，可对玉米秸秆及根系进行粉碎。

秆还田的地可按还田干秸秆量的 0.5% ~1% 增施氮肥，调节 C/N 比（图 4 -91）。

秸秆抛撒还田　　秸秆粉碎，旋耕或　　秸秆粉碎铧式犁　　整秸秆埋入行间　　根茬还田
　　　　　　　　深松、耙茬、碎土　　翻埋还田　　　　　（李洪提供）
　　　　　　　　复式作业

图 4 -91　玉米秸秆直接还田方式

（二）机械化耕整地

土壤是玉米生长的基础，是决定产量高低的主要因素之一。合理耕作可疏松土壤，恢复土壤的团粒结构，达到蓄水保墒、熟化土壤、改善营养条件、提高土壤肥力、消灭杂草及减轻病虫害的作用，为种子发芽提供一个良好的苗床，为玉米生长发育创造良好的耕层。

1. 耕整地的农艺要求

耕地后要充分覆盖地表残茬、杂草和肥料，耕后地表平整、土层松碎，满足播种的要求；耕深均匀一致，沟底平整；不重耕，不漏耕，地边要整齐，垄沟尽量少而小。

旋耕与深耕隔年轮换。机械深耕具有打破犁底层，加厚土壤耕层，改善土壤理化性状，促进土壤微生物活动和养分转化分解等作用。所以旋耕一般要与深耕隔年或 2 年轮换，以解决旋耕整地耕层浅、有机肥施用困难等问题。

旋耕与细耙相结合。深耕后的田块要结合施肥进行浅耕或者旋耕，耕深一般在 15 ~20cm，旋耕次数 2 次以上。采用重耙耙透，消除深层暗坷垃，使土壤踏实，形成上虚下实的土壤结构，以解决土壤过于疏松的问题。

结合深耕，增施有机肥可以增加土壤有机质含量，改善生产条件，培肥地力，提高土地质量。

2. 耕整地机械的种类

根据耕作深度和用途不同，可分为两大类：一是对整个耕层进行耕作的机

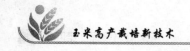

械，如铧式犁、圆盘犁、全方位深松机等。二是对耕作后的浅层表土再进行耕作的整地机械，如圆盘耙、齿耙、滚耙、镇压器、轻型松土机、松土除草机、旋耕机、灭茬机、秸秆还田机等（图4－92）。

图4－92　玉米免耕灭茬施肥播种一体机

3. 耕整地作业方法

现阶段玉米耕整地方式多为起垄种植，秋整地后即可进行打垄，或者是在春季顶浆打垄，一般采取扶原垄或进行三犁川打垄（倒垄制），主要有以下几种方式。

（1）秋翻秋起垄。耕深35cm，做到无漏耕、无立垡、无坷垃；及时起垄或夹肥起垄，耕后及时耙压。

（2）秋翻春起垄。早春耕层化冻14cm时，及时耙耢，起垄镇压，严防跑墒。

（3）深松起垄。先松原垄沟，再破原垄台合成新垄，及时镇压。

（4）顶浆起垄。早春化冻14cm时进行顶浆起垄。

（5）耙茬起垄。适用于大豆、马铃薯等软茬，先灭茬深松垄台，然后扶原垄镇压。

传统的铧式犁翻耕＋圆盘耙耙碎作业方法，可以消灭多年生杂草并实现秸秆还田，但土壤风蚀水蚀严重，加重土壤干旱；需要配套较大动力的拖拉机，而农村广大农户使用的小型拖拉机无法满足要求。

4. 保护性耕作

近几年国内外逐步发展了以少耕、免耕、保水耕作等为主的保护性耕作方法和联合耕作机械化旱作技术。

（1）少耕。减少土壤耕作次数和强度，如田间局部耕作、以耙代耕、以旋耕代翻耕、耕耙结合、免中耕等，大大减少了机具进地作业次数。

（2）免耕。利用免耕播种机在作物残茬地直接进行播种，或对作物秸秆和残茬进行处理后直接播种的一类耕作方法。少耕、免耕通常与深松及化学除草相结合，以达到保护性耕作的目的和效果。

（3）联合耕作。一次进地完成深松、施肥、灭茬、覆盖、起垄、播种、施药等各项作业的耕作方法。它可以大大提高作业机具的利用率，将机组进地次数降低到最低限度。

五、籽粒降水贮藏

在不同区域，种植的玉米品种生育期普遍偏晚，加上秋霜早，气温低，籽粒脱水困难，玉米籽粒具有水分含量高、成熟度不一致、呼吸旺盛、易发热、霉变等特点，比其他谷类作物较难贮藏，在贮藏前要做好玉米籽粒的降水。

（一）收获前田间降水

1. 选育适宜品种

选用生育期适中或较早熟、后期籽粒脱水快的品种。

2. 站秆扒皮

作为生育期偏晚及低温等灾害性天气下的一种补救措施，有条件的农户，可进行玉米站秆扒皮晒穗。站秆扒皮是在玉米进入腊熟初期时，将外边苞叶全部扒下，使玉米籽粒直接照射阳光，水分可降低 7% ~ 10%。玉米站秆扒皮，要注意以下几个问题：一是"火候"，必须掌握在蜡熟期，白露前后玉米定浆时再扒；二是玉米成熟期有早有晚，同一地块也不一样，要根据成熟情况，好一块扒一块，不能一刀切；三是因玉米品种和扒皮时间不同，水分大小也不同，为保证质量，便于保管和脱粒，扒皮和未扒皮的要分别堆放，单独脱粒。

3. 合理施肥

施肥掌握早施、少施的原则，一般不晚于吐丝期，粒肥施用量不超过总追肥量的 10%。如果土壤肥沃，穗期追肥较多，玉米长势好，无脱肥现象，则不必再施攻粒肥，以防贪青晚熟。

4. 打老叶

全膜覆盖双垄沟播玉米田，种植密度较大，在生育后期底部叶片老化枯萎，

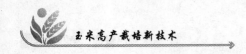

可及时打掉，增加田间通风透光。

5. 推迟收获

可采取站秆晾晒。

（二）收获后降水

玉米穗集中到场院后要进行通风晾晒，隔几天翻倒1次，防止淋雨受潮或捂堆霉变，待水分含量降至14%以下后，脱粒贮藏或销售。

脱粒后的玉米降水，把低水分和高水分的玉米分开装袋，不能混装。

增加玉米烘干机械和仓储设施，利用干燥机或烘干室烘穗、烘粒。

（三）穗贮和粒贮

穗贮的方法：可用铁丝、砖、秫秸、木板做墙，用薄铁、石棉瓦做盖，建成永久性贮粮仓。

粒贮的方法：籽粒入仓前，把玉米水分降至14%以内。

第五章
青贮玉米和甜糯玉米栽培技术

第一节　青贮玉米高产栽培技术

青贮玉米是指利用鲜嫩的玉米茎叶做饲料的玉米，特点是生长迅速、短时间内可以获得较多的茎叶产量。种植高产优质的饲用作物用于制作青贮饲料是解决因季节不平衡而产生草畜矛盾的主要途径，是发展优质、高效畜牧业的前提。青贮玉米以其生长周期短、产量高、成本低、营养价值高、适口性好、耐贮等特点被称为"饲料之王"，当之无愧地成为畜牧业最主要的饲料资源。因此，大力发展青贮饲用玉米，对促进畜牧业发展，调整优化种植业结构，提高农业综合效益，增加种、养收入都具有重要意义。

一、品种的选择

优良的品种是丰收的基础，应选择适应我区气候条件、蜡熟期收割全株干物质产量 1 000kg/667m² 以上。青贮玉米要叶片宽大，茎叶夹角较小，适合密植栽。在干物质中粗蛋白含量7%以上，粗纤维含量20%～35%，抗病性、抗倒伏性强的品种。

二、播前准备

1. 选地

选地上应选交通方便、耕层深厚、土壤疏松、肥力较高、保水保肥、在选茬上要选择不易起坷垃，又容易灭茬的"软茬"、"肥茬"，如瓜菜茬、大豆茬、玉米茬、马铃薯茬，切忌选择施用过豆磺隆等残效期长且对玉米生长发育有影响的除草剂茬口。

2. 整地

整地的质量是关键，直接影响到播种质量、覆膜质量和玉米生长发育。在前茬作物收获后进行除杂、翻耕，耕翻深度为 15～25cm，耕后耙平，要求土块细

碎、地面平整，做到上实下虚，无坷垃、无土块，达到待播状态。对于根茬还田地块，要做好根茬粉碎还田，起垄前要搂净残茬、秸秆，提高整地质量。

在一些土壤水肥条件较好、土质较为松软的田地上，前茬收获后，对地面的残茬处理完后，可进行免耕播种。

3. 施足基肥

结合整地，施好底肥，实行测土配方施肥，基肥以农家肥为主，一般每亩施农家肥 2 000 ~ 3 000kg，过磷酸钙 35 ~ 40kg，玉米专用复合肥 15 ~ 20kg。

4. 覆膜

一般带宽 100cm，覆膜宽度 65 ~ 70cm，裸露地 30 ~ 35cm，分起垄和平铺两种植形式，带状种植田和半干旱雨养农业区多采用平铺覆盖。地膜覆盖时间包括秋季覆膜、早春（顶凌）覆膜、播期覆膜。秋季覆膜：秋季作物收获后，结合秋季最后一次降雨，在霜降前后整地覆膜；早春（顶凌）覆膜则于 3 月上旬土壤消冻 10 ~ 15cm 时整地覆膜。

三、播种

1. 播种方法

有大田直播法、地膜覆盖播种法、垄作栽培法等多种方法，目前我地多采用大田直播法和地膜覆盖播种法两种。

2. 播种方式

有条播（分单行条播、双行条播），穴点播两种。

3. 播种深度

开沟条播沟深 3cm 为宜，播后覆土 2 ~ 3cm。穴播穴深 2 ~ 3cm，播后覆土 2 ~ 4cm。

4. 播种密度

青贮玉米种植密度一般比收获籽粒的增加 25% 左右，密度以每亩种植 5 000 ~ 7 500 株为宜，行距实行 60cm 和 80cm 宽窄行条播，株距 15cm 较为理想。

四、田间管理

1. 苗期管理

播种后 5 ~ 7 天出苗，9 ~ 10 天即可出全苗，出苗后要查苗，缺苗要立即混种或催芽补种。当玉米叶片达到 3 ~ 4 片叶时应该及时间苗，在达到 4 ~ 6 片可见叶时，应该及时定苗，做到"四去四留"，即去弱留壮、去小留齐，去病留健，去杂留纯，苗不足的要及时补苗是保证合理密植、获得高产的重要基础。

2. 科学追肥

玉米是需肥较多的作物，追肥以氮肥为主，每亩追施尿素量：在拔节期（6

片全展叶后开始拔节）10～11kg，在玉米雄穗抽出前（喇叭口期）8～12kg。

3. 中耕除草

杂草和玉米争夺空间、阳光、水分和养分，并且是某些病原和害虫的越冬与寄主场所，杂草过多可严重影响玉米的产量和引起玉米病虫害的发生，因此，一定要进行中耕除草。中耕除草的方法一般有人工除草和化学除草（一定要选用玉米田专用除草剂）两种。在6～7片叶时结合追肥，中耕除草和培土。一般定苗后进行2～3次中耕除杂。

4. 灌溉抗旱

玉米属耐旱作物，但需水量较大，任何时期缺水都可能造成产量下降，特别是露地种植，在生产过程遇到干旱要及浇水，没有灌溉条件的区域一般选择地膜覆盖栽培技术。

5. 辅助授粉

玉米是异花授粉植物，要进行人工辅助授粉，以消灭秃尖和缺粒，提高籽实产量。在上午8～10时授粉，用授粉筒从健壮的异株上采集花粉，向雌穗丝上撒落。

6. 防止倒伏

玉米倒伏不仅影响产量，而且对青贮玉米饲料的品质造成影响。防治玉米倒伏的的措施有：选用抗倒伏能力强的品种、加强中耕培土、科学施肥、合理密植、苗期蹲苗等。

7. 病虫害防治

病虫害防治要以预防为主，加强监测。一旦发生要立即采取措施予以控制。具体的病虫害防治办法参见第四章，或请求当地有关技术部门帮助。

五、适时收割

适时收割能获得较高的产量和优质的饲料，用于制作青贮饲料应在乳熟末期收割即玉米吐丝后23～30天收割。

第二节　甜玉米优质高产栽培管理技术

一、选地选种

1. 选地

甜玉米不能与普通玉米混种，种植时必须采取隔离种植。要求空间隔离必须在400m以上（即种植区400m范围内不栽种其它玉米品种），时间隔离则要求花

期相差 30 天以上，错开播种期。选地时应选择地势平坦、土地肥沃、通透性好、保水性良好的砂壤或壤土为主，pH 值 6.5～7.0。

2. 选种

甜玉米分为甜玉米、超甜玉米和加强甜玉米三大类型，本地多选用甜玉米和超甜玉米品种。种植时应早、中、晚熟品种搭配分期种植，每隔 5 天或 10 天播种一期。适宜西北干旱地区种植品种有超甜 102 号、超丰甜 5 号等品种。

二、精细播种

1. 播种时间

气温在 8～10℃ 为宜，4 月上旬播种。

2. 种子处理

播种前晒种 1 天，然后用水温在 30℃ 左右、0.2% 的磷酸二氢钾浸种 7～10 小时，待种子胚根突破种皮即可播种。

3. 播种方式

根据本地地域特点及气候状况播种。播前精细整地，施足基肥，一般亩施有机肥 1 000～1 500kg（以人粪尿或鸡粪效果较好），过磷酸钙 40～50kg。

4. 播种密度

早熟品种 4 500～5 000 株/亩，中熟品种及晚熟品种 3 500～4 500 株/亩，每穴点播 1～2 粒，细土盖种，覆土 3～5cm。

三、田间管理

1. 定苗间苗

出苗后，应及时查苗补苗。当幼苗 3～4 片叶时开始间苗，待 4～5 片叶时定苗。

2. 追肥

分别在拔节期和大喇叭期追肥，即幼苗拔节期每亩追施尿素 15 千克，对弱苗采取偏施肥和浇水等补救措施；大喇叭期（播后 50 天左右，能用手捏到雄穗时）追施尿素每亩 15kg。

3. 土壤水分

玉米在苗期要求土壤水分控制在 16%～18%，拔节前土壤水分控制在 16%，抽雄期土壤水分控制在 18%～22%，以后保持在 18%～20%。

4. 除分蘖

在密度较大时，分蘖基本上不能形成果穗，一般每株只留一穗。

5. 授粉

玉米都可以自然授粉。如遇连续阴雨天或高温等特殊天气，应人工授粉，时间一般在上午 10 时前进行，只要将花粉轻轻放在花丝上即可。

四、病虫害防治

1. 病害防治

大小斑病用 400% 克瘟散乳剂 500～1 000 倍液或 50% 甲基托布津悬乳剂 500～800 倍液叶面喷洒；在玉米拔节—抽雄期防治茎腐病，选用甲霜铜或 DT 按规定量喷雾。喷药时间宜选择晴天上午露水干后或下午 4～6 时喷雾，禁止使用高毒、高残留农药或"三致"作用的药剂。

2. 虫害防治

防治粘虫用 20% 速灭杀丁乳油 2 000～3 000 倍液喷雾；在喇叭口期防治玉米螟，用 50% 硫磷拌毒砂在田间撒扬；防治红蜘蛛用 73% 克螨特乳油 1 000 倍液喷雾。

五、采收

生产实践中，一般在籽粒含水量为 66%～71%（乳熟期）采收为宜，若以加工罐头为目的的可提早收 1～2 天，以出售鲜穗为主的可晚收 1～2 天，采收期 6 天左右。

第三节　糯玉米栽培技术

随着人们生活水平的提高，炒嫩玉米粒、煮烤糯玉米青穗等成了人们喜欢的副食品。栽培糯玉米，技术上应注意如下几点。

一、多花样播种

为了达到连续上市的目的，可采取提前或延后，中间排开，分期播种，分批上市。采取小棚或温床育苗，2 月下旬即可播种。地膜覆盖直播栽培可于 3 月上旬播种。露地直播在 4 月上旬开始，一直可播种到 6 月中下旬，形成从 6 月到 9 月的连续供应期。

二、优选良种

以苏糯玉 1 号、烟单 5 号、鲁糯玉 1 号等半紧凑型为好。

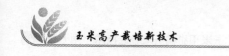

三、隔离种植

糯玉米与其他类型玉米杂交时，当代所结的籽粒会变成普通玉米，种植糯玉米时要与其他类型玉米隔离。隔离可采用空间隔离，时间隔离或障碍隔离。利用空间隔离一般至少200m以上；时间隔离即与其他类型玉米播种期错开，使种植的糯玉米不受邻近的其他类型玉米"飞花"的影响，一般情况播期约30天。障碍隔离的方法主要是利用村庄、房屋、树林等自然障碍。

四、合理密植

采用宽行0.8～0.9m，窄行0.4～0.5m的宽窄行种植，双株留苗为好。植株半紧凑型杂交种密度以每亩4 000～4 500株，植株平展型杂交种密度以每亩3 500～4 000株为好。肥地稍密，瘦地稍稀。

五、巧施肥料

播前每亩施厩肥1 000kg、复合肥30～40kg作基肥；苗期、拔节期、穗期分别追施尿素2～8kg、3～5kg、6～10kg，追施磷酸二铵3～5kg、5～10kg、6～8kg。

六、注意虫害防治

糯玉米受玉米螟及粘虫危害较普通玉米重，应注意防治。玉米螟及粘虫用2.5%溴氰菊酯乳油或20%速灭杀丁乳油1 500～2 000倍液防治效果较好。

七、适时采收

采收期对糯玉米青穗的品质影响甚大。采收过早，干物质和多种营养成分不足、产量低；收获过晚，籽粒缩水，皮变硬厚，口味欠佳。据试验，授粉后25～30天是采收糯玉米鲜穗的时间。

第六章
玉米田间调查方法与灾害评估

第一节　玉米田间调查方法

一、植株性状调查（郭庆法等，2004）

植株高度。选取有代表性地段，连续调查 10 ~ 20 株，抽雄前测量植株自然高度，抽雄后测量从地面至植株雄穗顶部的高度，以 cm 表示。

穗位高度。选取有代表性地段，连续调查 10 ~ 20 株，测量从地面至最上部果穗着生节位的高度，以 cm 表示。

可见叶数。拔节前心叶露出 2cm，拔节后露出 5cm 时为该叶的可见期。新的可见叶与其以下叶数相加，即为可见叶数。

展开叶数。上一叶的叶环从前一展开叶的叶鞘中露出，两叶的叶环平齐时为上一叶的展开期。新展开叶与其以下已展开叶数相加，即为展开叶数。

玉米生育中后期由于下部叶片脱落，难以判断叶位，可采用下列方法：每个茎节上生长 1 个叶片，基部 4 个节在根冠处通常难以区分，第五节大约距 1 ~ 4 节有 1 ~ 2cm，以此，通过辨认节位来判断叶位（图 6 - 1）。

可见展叶性差。见展叶数差 = 可见叶数 - 展开叶数

叶龄指数。叶龄指数 = 主茎展开叶片数/主茎总叶片数

叶面积与叶面积指数。叶面积只计算绿叶的面积，叶片变黄部分超过 50% 时，即不予计算。逐叶测量叶片长度（中脉长度，可见叶为露出部分的长度）和最大宽度，单叶叶面积 = 叶片长度 × 最大宽度 × 0.75。单株叶面积为全株单叶叶面积之和，单位土地面积上的总叶面积则为平均单株叶面积与总株数之积。叶面积指数 *LAI* = 该土地面积上的总叶面积/土地面积。

群体整齐度。玉米群体整齐度一般指株高整齐度，用变异系数的倒数表示。选有代表性的玉米植株，连续测量 15 ~ 20 株，以地面至雄穗顶部的高度（cm）

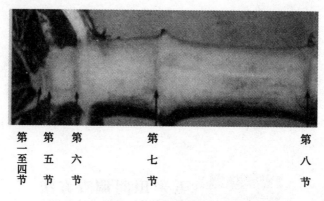

| 第一至四节 | 第五节 | 第六节 | 第七节 | 第八节 |

图6-1 玉米茎节

（引自 Corn field guide）

计算株高平均值（X）和标准差（S），整齐度 = X/S。

经济系数。是指经济产量在生物产量中所占的比例，也称收获指数。经济系数（K）=籽粒干重（g）/植株总干重（g）

倒伏度。植株倒伏倾斜度大于 45°角作为倒伏指标。倒伏程度分轻（Ⅰ）、中（Ⅱ）、重（Ⅲ）三级。倒伏植株占 1/3 以下者为轻，2/3～1/3 者为中，超过 2/3 者为重。

玉米病、虫调查记载。

病、虫株率（%）=（病、虫为害株数/调查总株数）×100

病情指数 = [Σ（各病级×该病级的株数）/（调查总株数×最高病级数）] × 100

二、种植密度调查

距田头 4m 以上选取样点，计算出平均行距`(m)；连续测量 21 株的距离，除以 20，计算出平均株距（m）（表 6-1）。

玉米种植密度（株/亩）=亩/（平均行距×平均株距）

表 6-1 种植密度速查表（以 1 穴 1 粒计） （单位：株/亩）

株距（cm）	平均行距（cm）							
	40	45	50	55	60	65	70	75
15	11 112	9 877	8 889	8 081	7 408	6 838	6 350	5 926
16	10 417	9 260	8 334	7 576	6 945	6 411	5 953	5 556

（续表）

株距（cm）	平均行距（cm）							
	40	45	50	55	60	65	70	75
17	9 804	8 715	7 844	7 130	6 536	6 033	5 603	5 229
18	9 260	8 231	7 408	6 734	6 173	5 698	5 291	4 939
19	8 772	7 798	7 018	6 380	5 848	5 398	5 013	4 679
20	8 334	7 408	6 667	6 061	5 556	5 128	4 762	4 445
21	7 937	7 055	6 350	5 772	5 291	4 884	4 535	4 233
22	7 576	6 734	6 061	5 510	5 051	4 662	4 329	4 041
23	7 247	6 442	5 797	5 270	4 831	4 460	4 141	3 865
24	6 945	6 173	5 556	5 051	4 630	4 274	3 968	3 704
25	6 667	5 926	5 334	4 849	4 445	4 103	3 810	3 556
26	6 411	5 698	5 128	4 662	4 274	3 945	3 663	3 419
27	6 173	5 487	4 939	4 490	4 115	3 799	3 528	3 292
28	5 953	5 291	4 762	4 329	3 968	3 663	3 402	3 175
29	5 747	5 109	4 598	4 180	3 832	3 537	3 284	3 065
30	5 556	4 939	4 445	4 041	3 704	3 419	3 175	2 963
31	5 377	4 779	4 301	3 910	3 584	3 309	3 072	2 868
32	5 209	4 630	4 167	3 788	3 472	3 205	2 976	2 778
33	5 051	4 490	4 041	3 673	3 367	3 108	2 886	2 694
34	4 902	4 358	3 922	3 565	3 268	3 017	2 801	2 615
35	4 762	4 233	3 810	3 463	3 175	2 931	2 721	2 540

田间速测法：调查6.67m² 种植面积中的植株数，再扩大100倍即为1亩地植株密度。例，平均行距为40cm，调查16.67 米行长中植株数量，如为46 株，则种植密度为4 600株/亩。为保证准确度，调查时可选3～5行，取平均数（表6-2、表6-3）。

表6-2　不同行距下1/100 亩行长表

平均行距（cm）	40	45	50	55	60	65	70	75
调查长度（米）	16.67	14.82	13.33	12.12	11.11	10.26	9.52	8.89

表6-3 全膜覆盖双垄沟播种植玉米密度与株距表（单位：株/亩、cm）

密度	2 000	2 500	3 000	3 500	4 000	4 500	5 000	5 500	6 000	7 000
株距	60.6	48.5	40.4	34.6	30.3	26.9	24.2	22	20	17.3

三、大田测产

一般在玉米籽粒灌浆的蜡熟期至完熟期进行测产。

丈量土地，确定种植面积。高产田内的渠道、人行道、建筑物等占地不得扣除。

随机选点。采取对角线5点取样法，即在田块四角和中央各随机取1个点，每个样点离地头5米以上。

收获密度测定。见种植密度调查。

空秆、双穗率测定。选取田中3~5行有代表性的种植行（垄），连续调查100株内空秆和双穗株数，获得双穗率、空秆率。穗粒数少于30粒的植株为空株，并且不计算在双穗率内，其籽粒数也不计入穗粒数。

穗粒数测定。在样点处连续测定20个果穗的穗粒数，取平均数。玉米穗粒数＝穗行数×行粒数。

其中，穗行数：计数果穗中部的籽粒行数；行粒数：计数一中等长度行的籽粒数。

产量计算。以该品种常年千粒重计算理论产量，根据籽粒含水量等情况，产量的85%或90%即为估计产量。以5点的平均值为该地块的平均产量。

产量（kg）＝收获密度×（1＋双穗率－空株率）×穗粒数×千粒重（g）×0.90（或0.85）/10^6

第二节 玉米生产的自然灾害评估

一、雹灾评估

雹灾对产量的影响可从死苗和叶片损伤两个方面估算，其中，不同时期叶面积损失比例对产量的影响见表6-3。6叶展期之前雹灾对产量的影响较小。

表6-3 雹灾后产量损失估算 （减产率,%）

时期	叶片损失的比例（%）									
	10	20	30	40	50	60	70	80	90	100
7叶展	0	0	0	1	2	4	5	6	8	9
10叶展	0	0	2	4	6	8	9	11	14	16
13叶展	0	1	3	6	10	13	17	22	28	34
16叶展	1	3	6	11	18	23	31	40	49	61
18叶展	2	5	9	15	24	33	44	56	69	84
抽雄期	3	7	13	21	31	42	55	68	83	100
吐丝期	3	7	12	20	29	39	51	65	80	97
籽粒形成期	2	5	10	16	22	30	39	50	60	73
乳熟初期	1	5	7	12	18	24	32	41	49	59
乳熟后期	1	3	4	8	12	17	23	29	35	41
蜡熟期	0	2	2	4	7	10	14	17	20	23
完熟期	0	0	0	0	0	0	0	0	0	0

资料来源：美国农业部。

二、风灾倒伏评估

玉米倒伏方式包括茎倒、根倒及茎折。茎倒是玉米茎秆呈不同程度的倾斜或弯曲，有时下折。常由于下部节间延伸过长、机械组织发育不良，或茎秆细弱、节根少，遇到大风或其他机械作用，茎的中、下部承受不住穗部或植株上部的重量而倒伏；根倒伏表现为茎不弯曲而整株倾倒，有时完全倒在地面。常由于根系弱小、分布浅或根受伤，当灌水或降雨过多时，土壤软烂，固着根的能力降低，如遇大风即整株倒下；茎折主要是抽雄前生长较快，茎秆组织嫩弱及病虫为害，遇风引起的。对产量影响最大的是茎折，其次是根倒，茎倒对产量的影响最轻。据 Corn field guide，玉米 10～12 叶展时发生根倒，一般减产不超过 5%；13～15 叶展时倒伏减产 5%～15%；17 叶展后倒伏减产超过 30%（图6-2）。

1. 根倒　2. 茎倒　3. 茎折　4. 大面积倒伏

图6-2　不同类型的玉米倒伏

第七章
干旱对玉米生长发育的影响与抗旱技术

宁南山区 85% 的玉米为旱作，由于受大陆性季风气候影响，降水不足，季节性分布不匀、降水分布与玉米需水规律往往不能吻合，已成为制约玉米高产稳产的首要自然因素。干旱（或阶段性干旱）在各生态区普遍存在，且各个区域都属典型的雨养农业，灌溉面积不足耕地面积的 10%。十年九旱，春旱发生率在 90% 以上，影响玉米适时播种，虽部分农田有灌溉设施，但遇干旱年常因水源不足而得不到灌溉或灌溉不足。

一、水分逆境（干旱）的危害

干旱是指因一定时期内降水偏少，造成大气下燥，土壤缺水，使农作物体内水分亏缺，影响正常生长发育造成减产的现象。干旱严重时，植株还有可能枯萎、死亡导致绝收。由干旱害是大气—土壤—作物 3 个系统相互作用产生的结果，所以干旱的含义又分为大气干旱、土壤干旱和生理干旱 3 类。大气干旱的特点是空气干燥，高温和强辐射，有时伴有干热风，在这种环境下蒸腾大幅度加强，体内水分失去平衡而造成伤害。土壤干旱主要是土壤中缺乏作物可利用的有效水分，植株失水萎蔫，甚至枯死。通常土壤干旱是玉米减产的主要旱灾类型。

（一）干旱的级别

1. 干旱的级别

《气象干旱等级》国家标准中将干旱划分为 5 个等级。

（1）正常或湿涝：特点为降水正常或较常年偏多，地表湿润，无旱象。

（2）轻旱：特点为降水较常年偏少，地表空气干燥，土壤出现水分轻度不足，对农作物有轻微影响。

（3）中旱：特点为降水持续较常年偏少，土壤表面干燥、出现水分不足，地表植物叶片白天有萎蔫现象，对农作物和生态环境造成一定影响。

（4）重旱：特点为土壤出现水分持续严重不足，出现较厚干土层，植物萎蔫，叶片干枯、果实脱落，对农作物和生态环境造成较严重影响，对工业生产、人畜饮水产生一定影响。

（5）特旱：特点为土壤出现水分长时间严重不足，地表植物干枯、死亡，对农作物和生态环境造成严重影响，对农业生产、人畜饮水产生较大影响。

2. 土壤湿度指标

玉米田土壤干旱指标见表7-1。植株开始发生永久凋萎时的土壤含水率，也称凋萎含水率或萎蔫点。一般来说，凋萎系数与田间持水量之间的土壤水属于有效水分。不同质地土壤的凋萎系数差别很大。干旱天气对沙壤土的影响大于壤土和黏土。以土壤含水量重量百分数为干旱指标时，黏土10%～12%，沙壤土7%～9%，沙土6%时玉米苗发生枯萎。沙壤土12%为出苗下限，10%～11%为重旱，不同土质的干旱指标如表7-2所示。

3. 植株形态指标

当土壤小分充足时，叶片伸展挺立，不发生萎蔫。当轻度干旱时，植株下部叶片中午出现短暂卷曲萎蔫。干旱加剧时上部叶片在中午也发生短暂卷曲。严重干旱时上、下部叶片昼夜均出现卷曲，持续严重干旱则导致永久性萎蔫。观察植株叶片的萎蔫情况，必须以晴天为准。因为萎蔫不仅决定于土壤水分状况，而且决定于空气湿度。阴雨天空气温度大，即使土壤轻度干旱，植株叶片也可能不发生萎蔫。

表7-1　土壤干旱级别

时期	重旱	中旱	轻旱	适宜	过温
作物生育期	土壤相对湿度 <40%	40%≤土壤 相对温度<50%	50%≤土壤 相对温度<60%	50%≤土壤 相对温度<80%	土壤相对温度 ≥80%
非生育期	土壤相对湿度 <30%	30%≤土壤 相对温度<40%	40%≤土壤 相对温度<50%		

表7-2　不同土壤质地下玉米干旱等级的土壤湿度指标 （%）

土壤	凋萎系数	出苗下线	轻旱	重旱	枯萎
黏土	12～17	17	18	13～14	10～12
沙壤土	5～7	12	14～15	10～11	7～9
沙土	3～5	10	12	9	6

根据土壤含水量及气候状况，结合植株的形态指标，可以对植株水分状况做出较正确的判断。一般在中午时，植株下部叶片出现短暂萎蔫时进行灌溉，就可

以保证植株的各项生理活动不致受到干旱危害，或者受到轻度影响，但能及时得到恢复，不致降低最终的籽粒产量。

此外，叶片水势、叫片相对膨压、根伤流量、叶温与气温差等生理指标也能反映植株的水分状况。

（二）干旱对玉米生长发育的影响

干旱时，由于运动细胞先失水，体积缩小而使叶片卷曲，因此，玉米对干旱的反应，首先表现为叶片卷曲萎蔫，继而生长发育迟缓，营养体生长不足，生殖体发育不良，最终表现为大幅减产，甚至绝产。大量研究证明，干旱胁迫对植物生理过程的影响是多方面的，即使是轻微胁迫，植物也会产生不同的反应，但水分胁迫的主要影响是生理脱水，形成细胞和组织的低水势，通过低水势影响植物的各种生理过程。

干旱对玉米的光合作用、蒸腾作用、呼吸机制，氮素代谢及生长发育和产量等都有明显影响。在水分胁迫条件下，玉米产量大幅度降低的原因主要有叶片的光合速率降低。玉米叶片的净光合速率随水分胁迫的加剧而下降。据报道，当叶水势低下 $-0.3MPa$ 时，玉米净光合速率开始降低；当叶水势低于为 $-1.2MPa$ 时，净光合速率降低 50%；水势为 $-2.0MPa$ 时，净光合基本停止。干旱后叶绿蛋白降解，叶绿体受到破坏，减少了叶片对光能的吸收；同时，叶绿蛋白又是组成内膜的成分，叶绿蛋白降解后，使膜的结构受到损伤，抑制了光合磷酸化过程，二氧化碳同化量减少。

在玉米生长发育的各个阶段，水分胁迫均会引起一系列的不良后果。水分胁迫引起伤害的程度及表现形式，在很大程度上取决于水分胁迫发生时玉米生长发育的阶段，其中，最明显的影响是植株的大小、叶面积和产量。干旱影响叶片的扩展，使叶片失水、气孔关闭，光合作用降低，制造和积累的有机养分减少；加速下部老叶片的衰老和枯黄，使植株生长缓慢，矮小；影响雌、雄穗正常发育，增加败育小花数量，使抽雄和吐丝间隔期延长，花丝和花粉活力下降，授粉结实能力降低，穗粒数减少，灌浆速度减慢，粒重降低，最终导致减产。

玉米不同生育时期遭受干旱对产量构成因素的影响不同：拔节期重度干旱可使穗粒数减少 15.9%，减产 19.8%；抽雄至吐丝期重度水分亏缺导致的单位面积有效穗数、穗粒数和穗粒重减少，可使减产幅度高达 40.4%；灌浆期干旱，籽粒干重和体积分别下降 33.4% 和 31.0%。籽粒对水分胁迫敏感的时期是从吐丝后 2~7 天开始，直至吐丝后 12~16 天结束，吐丝后 12~16 天水分胁迫造成粒重降低 50%。

（三）提高旱作玉米田水分利用率的途径

1. 旱作玉米田土壤水分季节变化规律

冬季为土壤水分凝聚冻结积累阶段。入冬以后，土壤自上而下冻结，在温度梯度作用下，下层水气不断向上移动，遇冷后凝聚冻结，是土壤上层水分最丰富的阶段，也是玉米播种至出苗阶段所需水分的基础，保持这部分水分，就可以做到秋雨春用。春季随着气温的不断升高，土壤逐渐解冻。在冻融交替时气温尚低，蒸发较轻，应抓住这一关键时期，顶凌耙耱保墒，为春播创造良好的水分条件。当土壤化通后，重力水下渗，表层水蒸发，随气温的进一步升高，春风加大，在毛管作用下，水分不断向地表运动，土壤表面开始形成干土层并不断加厚，超过一定深度则难以播种，影响正常出苗。夏季是土壤水分大量蓄积阶段。7—8月降水较多，是一年中的雨季，应采取适当蓄水措施（地膜覆盖、秸秆覆盖等）。秋季是土壤水分缓慢蒸发阶段。9月以后，气温渐低，蒸发比较缓慢，待玉米收获后，应抓住时机深耕蓄水。

2. 提高旱作玉米降水利用效率的途径

（1）截住"天上水"。旱地玉米要搞好农田基本建设，应因地制宜，采用"修梯田"、"丰产沟"等耕作措施，减少水土流失，逐步培养地力，不断提高产量。

（2）蓄住"地中水"。自然降水被土壤接纳之后，除径流、下渗损失外，主要是地面蒸发损失和玉米叶面蒸腾损失。采取各种行之有效的抗旱耕作措施，尽可能减少土壤水分的损失。如"旱农蓄水聚肥改土耕作法"（丰产沟）、"旱地玉米免耕秸秆覆盖"、"地膜覆盖及秸秆覆盖技术"、"玉米机械化有机旱作技术"、"掩子田"、"播前播后镇压保墒"以及地面喷洒防蒸发剂等。

（3）用好"土壤水"。在截住天上水，蓄住地中水的基础上，应采取有效措施用好"土壤水"。大量研究表明，"以肥调水"是提高旱作玉米自然降水利用率的有效措施。如深耕、增施有机肥、秸秆还田以改良土壤结构，不断培肥地力；合理增施化肥以提高土地生产能力；采用耐旱品种挖掘增产潜力；合理密植，精细管理力争高产。

（四）旱作玉米抗旱耕作方法

1. 旱农蓄水聚肥改土耕作法（丰产沟）

在肥力较高的土壤上，丰产沟比一般耕作法可增产40%，在瘠薄地上可增产1倍左右、丰产沟的优点是土壤容重减小，孔隙度增加，活土层加厚，表土地温提高1.1~2.4℃。同时能防止水土流失，提高土壤透水性，增加蓄水抗旱能力。

2. 机械化有机旱作技术

针对旱作玉米的干旱、瘠薄、雨养的特点，通过一系列机械化作业，如深耕、秸秆粉碎还田、镇压、机械化播种、增施有机肥、无机肥等，提高玉米对自然降水的利用率，实现旱作玉米增产、增收和长期稳产。该技术可在年平均气温 >8℃的半干旱或半湿润偏旱地区，采用一年一熟种植制度，且不以玉米秸秆作饲料和燃料的地区推广应用。其技术体系为：

机械化深耕。用大中型拖拉机每年于收获后进行一次深耕，深 25cm，充分发挥"土壤水库"纳雨蓄墒的功能，使秋雨春用，解决了天然降水与玉米需水不同步的问题。

秸秆就地粉碎直接还田。用玉米收割机或秸秆粉碎机把收获时的秸秆就地粉碎，此时玉米秸秆含水量较高，容易腐烂，随机械深翻入土，可有效地提高土壤有机质，培肥地力，增强土壤蓄水保肥能力。

机械镇压。根据土壤墒情在播前、播后采用可调重量的滚筒式镇压器进行适度镇压，可调动下层水向表层运动，提高玉米出苗率，出苗期提前 1～3d，确保苗全、苗壮。

机械化播种。机械化播种深度一致，行株距均匀，又可缩短播期，提高玉米田间整齐度，为高产、稳产奠定基础。

3. 玉米秸秆覆盖技术

玉米秸秆覆盖是利用玉米秸秆覆盖于地表，以减少风雨侵蚀，防止水土流失，蓄水保墒，培肥改土，调节地温，增加旱作玉米产量的一种栽培技术。可在年平均气温 >8℃的半干旱及半湿润偏旱地区推广使用。秸秆覆盖方式与操作程序有下列几种类型。

半耕整秆半覆盖。玉米立秆收获后，一边剖秆一边硬茬顺行覆盖，盖 67cm，空 67cm，下一排根要压住上一排梢，在秸秆交接处和每隔 1m 左右的秸秆要适量压土，以免被风刮走。翌年春天，在未盖秸秆的空行内耕作、施肥。用单行或双行半精量播种机在空行靠秸秆两边种两行玉米。玉米生长期间在未盖秸秆内中耕、追肥、培土。秋收后，再在第一年来盖秸秆的空行内覆盖秸秆。

全耕整秆半覆盖。玉米收获后，将玉米秆搂到地边，耕耙后顺行覆盖整株玉米秆，栽培管理与半耕整秆半覆盖相同。

免耕整秆覆盖。玉米收获后，不翻耕，不灭茬，将玉米整株秸秆顺垄割倒或用机具压倒，均匀地铺在地面，形成全覆盖。第二年春天，播种前 2～3 天，把

播种行内的秸秆搂到垄背上形成半覆盖。播种采用两犁开沟法，先开施肥沟，沟深10cm以上，施入肥料。第二犁开播种沟，下种覆土。生长期间管理和半耕整秆半覆盖操作程序相同。

地膜、秸秆二元覆盖。旱、寒、薄是高寒冷凉区农业发展的主要制约因素，推广地膜、秸秆二元覆盖技术是解决旱、寒、薄三大问题的重要技术之一。它既有地膜覆盖增温保墒作用，又有秸秆覆盖蓄水保墒、肥田改土作用。

（五）抗旱制剂的应用

1. 抗蒸腾剂

植物抗蒸腾剂是指用于植物时片表面，可以降低叶面蒸腾作用，减少水分散失的一类物质。使用抗蒸腾剂的主要理论依据是，在一定条件下使用抗蒸腾剂，适当减小气孔开张度或关闭部分气孔，能够显著降低植物的蒸腾作用，而对光合作用、呼吸作用及其他生理代谢活动无明显不利影响。当前应用较多的抗蒸腾剂是FA（黄腐酸），进行叶面喷施或拌种。

2. 保水剂

保水剂是一种具有高度吸水功能的高分子材料，能够吸收和保持自身重量400~1 000倍，甚至高达5 000倍的水分。保水剂颗粒一旦遇到水则很快吸水，可调节土壤含水量，是土壤的"微型水库"。保水剂使用方法主要是种子包衣和种子丸衣造粒（将作物种子与某些化肥、微量元素、农药及填充料拌和造粒成丸）。

二、干旱的分类

1. 春旱

春旱的概念：春旱是指出现在3~5月的干旱，根据气象资料，宁南山区出现春旱的频次达到98%以上，所谓的十年久旱基本就是指春旱。

春旱的危害：主要影响玉米的播种、出苗与苗期生长。宁南山区属内陆地区，春季气候干燥多风，水分蒸发量大，遇冬春枯水年份，易发生土壤干旱。播种至出苗阶段，表层土壤水分亏缺，通常干土层达到4~5cm，最大达到8~10cm，种子处于干土层，不能发芽和出苗，播种、苗期向后推迟，易造成缺苗；出苗的地块由于干旱苗势弱。苗期轻度水分胁迫对玉米生长发育影响较小。进入拔节期，植株生长旺盛，受旱玉米的长势明显不好，植株矮小，叶片短窄，植株上部的叶间距小。

春旱对玉米的影响可以概括为：晚、弱、乱和慢。

晚：春季土壤严重干旱，无法耕种，只能等雨播种，易错过适宜播期。春旱

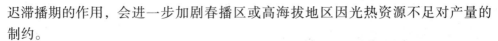

迟滞播期的作用，会进一步加剧春播区或高海拔地区因光热资源不足对产量的制约。

弱：出苗后遭受春旱的玉米，植株小、根系弱、叶片面积小，生物产量大幅度减少，最终影响产量。

乱：干旱影响播种质量，导致同地块个体间产生较大差异，群体整齐度降低，生长中后期大苗欺小苗，空株和小穗株增加。局部区域内播种期、出苗期会有早有晚，地块间生育进程不一致，并且不得已时品种生育期还要早、中、晚搭配，难以实现规范化统一管理。

慢：在营养生长期，无论何时干旱，均可延缓玉米生长发育进程，导致抽雄吐丝期推后，灌浆期缩短。干旱还造成管理措施效应慢，养分吸收慢，光合积累慢。

2. 伏旱

伏旱的概念：顾名思义，就是伏天发生的干旱，从入伏到出伏，相当于7月上旬至8月中旬，出现较长时间的晴热少雨天气，这对夏季农作物生长很不利，比春旱更严重，故有"春旱不算旱，夏旱减一半"的农谚。

伏旱的危害：伏旱发生时期，正是玉米由以营养生长为主向生殖生长过渡并结束过渡的时期，叶面积指数和叶面蒸腾均达到其一生中的最高值，生殖生长和体内新陈代谢旺盛，同时进入开花、授粉阶段，为玉米需水的临界期和产量形成的关键需水期，对产量影响极大。玉米遭受伏旱灾害后植株矮化，叶片由下而上干枯。

伏旱一般在高岗地、坡地、沙地发生重，低洼地发生轻；深松、秸秆覆盖、有机质含量高的保护性地块，保水性好，发生轻。干旱对玉米产量性状的影响与受旱时期有关：抽雄、吐丝期高温干旱影响授粉，秃尖较长，严重时出现空秆；籽粒形成期与灌浆初期受旱造成一部分籽粒败育，能进一步发育的籽粒表现出体积小，库容小，瘪粒；灌浆期受旱果穗上部瘪粒严重。

3. 卡脖旱

卡脖旱的概念：卡脖旱是有关玉米等旱地作物孕穗期遭受干旱的通俗语。玉米抽雄前10～15天至抽雄后20天是玉米一生中需水最多、耗水最大时期，是水分临界期，对水分特别敏感。此时缺水，雄穗处于密集的叶丛中，抽出困难，叶节间密集而短，直接影响到雌穗的受粉，雄穗或雌穗抽不出来，似卡脖子，故名卡脖旱。由于不同区域玉米生长发育时期差别较大，卡脖旱发生的时间也不相同。

卡脖旱的危害：卡脖旱影响抽雄和小花分化，幼穗发育不好，果穗小，籽粒少；还会造成雄、雌穗间隔期太长，授粉不良，降低结实率，使构成产量的三要

素均大幅度下降，从而严重影响产量。

三、土壤墒情评价

土壤墒情评价分3个等级，湿润、适宜、不足参见表7-3、表7-4、表7-5。

湿润：土壤含水量超过作物播种及生长发育阶段所需适宜土壤含水量的上限，即土壤含水量接近或超过田间持水量。

适宜：土壤含水量满足作物播种和生长发育阶段的需求。一般土壤相对含水量在60%~80%有利于作物的正常生长。

不足：土壤含水量不能满足作物播种和生长发育阶段所需含水量，小于土壤适宜含水量的下限。

表7-3　宁夏农田土壤墒情及旱情评价技术指标（0~50cm）

等级	墒情			旱情			
	湿润	正常	不足	轻度干旱	中度干旱	重度干旱	极度干旱
自然含水量（%）	>20	16~20	<16	12~16	8~12	6~8	<6

表7-4　玉米不同生育期适宜土壤含水量　（%）

生育期	播种期	苗期	拔节期	抽穗期	灌浆、乳熟期	成熟期
土层深度（cm）	0~20	0~20	0~40	0~60	0~80	0~80
土壤相对含水量（%）	60~70	55~60	65~80	70~80	70~80	60~70

表7-5　宁南山区玉米土壤旱情评价指标

土层深度	田间持水量（%）	轻旱			中旱			重旱		
		土壤含水量（%）	土壤饱和含水量（%）	作物表象	土壤含水量（%）	土壤饱和含水量（%）	作物表象	土壤含水量（%）	土壤饱和含水量（%）	作物表象
0~20	25.3	15.2~17.7	60~70	出苗时间过长，出苗率降，小苗不齐	13.9~15.2	55~59	出苗缓慢，缺苗严重，常造成断条	<13.9	<55	出苗不足一半，小苗干枯，造成毁种
0~30	25.0	13.9~15.0	55~60	小苗生长较慢，颜色较淡	12.5~13.8	50~55	小苗发育受阻，中午时叶片会出现阶段性萎蔫	<12.5	<50	小苗发育基本停止，叶片卷曲，部分枯死

（续表）

土层深度	田间持水量（%）	轻旱			中旱			重旱		
		土壤含水量（%）	土壤饱和含水量（%）	作物表象	土壤含水量（%）	土壤饱和含水量（%）	作物表象	土壤含水量（%）	土壤饱和含水量（%）	作物表象
0~50	24.8	16.1~17.4	65~70	种植生长缓慢，营养体发育不良	13.6~16.1	55~66	种植矮小，抽穗时间延长，出现空秆	<13.6	<55	植株矮瘦，出现阶段性叶片凋零，空秆率增加
0~60	24.8	16.1~18.6	65~75	抽雄吐丝间隔长，形成秃尖	13.6~16.1	55~65	引起消化败育，粒数减少，秃顶严重	<13.6	<55	秃尖缺粒现象严重，抽出的雄穗易"晒化"，有的雄穗不能抽出，瘪粒数明显减少，空秆增加
0~80	24.6	16.0~17.2	65~70	灌浆速度减慢，粒重降低	13.5~16.0	55~65	粒重明显降低，粒数明显减少	<13.5	<55	灌浆速度极慢，秆粒成熟度极差，甚至枯死
0~80	24.6	13.5~14.7	55~60	籽粒脱水加速，粒重略降低	12.3~13.5	50~55	种植易衰，粒重降低	<12.3	<50	植株早衰严重，秆粒成熟度极差，甚至枯死

附 录

附录一　玉米品种简介

一、西蒙6号

品种来源：内蒙古西蒙种业有限公司。

性状描述。幼苗：叶片深绿色，叶鞘深紫色。植株：半紧凑型，株高314cm，穗位116cm，21片叶。雄穗：护颖绿色，花药浅紫色，一级分枝7个。雌穗：花丝黄色。果穗：长锥型，红轴，穗长20.7cm，穗粗5.2cm，秃尖0.7cm，穗行数16~18，行粒数39粒，单穗粒重232.9g，出籽率84.8%。籽粒：偏马齿型，黄色，百粒重36.2g。生育期130天左右。

品质：2011年农业部谷物及制品质量监督检验测试中心（哈尔滨）测定，容重739g/L，粗蛋白8.19%，粗脂肪3.22%，粗淀粉76.03%，赖氨酸0.28%。

抗性：2011年吉林省农业科学院植物保护研究所人工接种、接虫抗性鉴定，中抗大斑病（5MR），中抗弯孢病（5MR），感丝黑穗病（19.2%S），中抗茎腐病（16.1%MR），中抗玉米螟（6.8MR）。

在原州区海拔1 750m以下区域种植，平均单产680~750kg。

栽培技术要点：亩保苗4 500~5 000株。

注意事项：注意防治丝黑穗病。

适宜地区：≥10℃活动积温2 700℃以上地区种植。

二、先正达408

性状描述。幼苗：叶鞘紫色，苗绿色。植株：株型半紧凑，茎秆"之"字形弱，株高280cm左右，穗位90cm左右，叶缘波小，穗上叶片5~6片，全株10~20片叶。雄穗：雄穗主侧枝明显，苞叶长度适中，无剑叶，一级分枝5~7个。果穗：果穗长柱型，穗长22~25cm，穗粗5cm左右，穗行数12~14，行粒数 45～50，红轴。籽粒：深黄色，半马齿型。生育期 123 天左右。

品质：2005 年农业部谷物及制品质量监督检验中心（哈尔滨）测试：籽粒含粗蛋白 8.75%、粗脂肪 3.84%、粗淀粉 75.14%、赖氨酸 0.26%，容重 757g/L。

抗性：2005 年辽宁省丹东农业科学院抗病育种鉴定中心接种鉴定结果：抗大斑病（3R）、灰斑病（3R）、中抗弯孢病（5MR）、高抗丝黑穗病（0HR）、纹枯病（1HR）和玉米螟（2HR）。

在原州区海拔 1 850m 以下区域种植，平均单产 600～650kg。

栽培要点：种植密度 4 000～5 000 株/亩。

适宜地区：≥10℃活动积温 2 700℃以上地区种植。

三、中单 909

选育单位：中国农业科学院作物科学研究所。

特征特性：幼苗：幼苗叶鞘紫色，叶片绿色，叶缘绿色。植株：株型紧凑，株高 250cm，穗位高 100cm，成株叶片数 21 片。雄穗：花药浅紫色，颖壳浅紫色。雌穗：花丝浅紫色，果穗筒型，穗长 17.9cm，穗行数 14～16 行，穗轴白色，籽粒黄色、半马齿型，百粒重 33.9 克。

抗性：具有突出的耐密、抗倒，中抗弯孢菌叶斑病，感大斑病、小斑病、茎腐病和玉米螟，高感瘤黑粉病。

品质：经农业部谷物品质监督检验测试中心（北京）测定，籽粒容重 794 克/升，粗蛋白含量 10.32%，粗脂肪含量 3.46%，粗淀粉含量 74.02%，赖氨酸含量 0.29%。

产量表现：出苗期发育旺、耐密性好、抗性强、穗部性状优、产量高等优势。平均亩产 700kg 左右。果穗整齐、结实性好的特点，以及较高的生产潜力。

栽培技术要点：①在中等肥力以上地块种植；②每亩适宜密度 4 500～5 000 株；③注意防治病虫害，及时收获。

四、晋单 73 号

选育单位：山西省阳高县晋阳玉米研究所。

特征特性：生育期在 127 天左右。幼苗芽鞘紫色，叶色淡绿。成株株形紧凑，叶色深绿，株高 266cm，穗位 82cm，雄穗分枝 5～7 枝，果穗筒型，穗轴红色。穗长 20.4cm，穗行数 16～18 行，百粒重 33.0g，出籽率 83.8%，籽粒黄色，马齿型。抗病鉴定编辑

抗性：抗粗缩病，中抗丝黑穗病、大斑病、穗腐病，感青枯病，高感矮花

叶病。

品质：2009 年农业部谷物及制品质量监督检验测试中心检测，容重 748g/L，粗蛋白 8.09%，粗脂肪 3.53%，粗淀粉 74.4%。

产量表现：2008—2009 年参加山西省早熟玉米品种区域试验，2008 年亩产702.2kg，比对照吉单 261 （下同）增产 15.1%，2009 年亩产 763.5kg，比对照增产 18.1%，两年平均亩产 732.8kg，比对照增产 16.6%。2009 年生产试验，平均亩产 665.4kg，比当地对照增产 12.1%。

在宁南山区海拔 1 800m 以下区域种植，平均单产为 650~750kg。

栽培要点：亩留苗 4 500 株，在全膜覆盖双垄沟播和灌溉条件下亩留苗5 000 株。

五、先正达 408

特征特性：生育期 120~125 天，需 ≥10℃ 有效积温 2 550℃。株型半紧凑，株高 260cm 左右，穗位 90cm 左右，保绿性较好。果穗长筒型，穗长 22~25cm，穗粗 5cm 左右，穗行数 14~16 行，行粒数 45~50 粒，红轴。籽粒黄色，硬粒型。抗倒伏、抗大小斑病、黑粉病、丝黑穗病、茎腐病、抗玉米螟等玉米常见病害，综合抗性好。

植株：株型半紧凑，茎秆"之"字型弱，株高 280cm 左右，穗位 90cm 左右，叶缘波小，穗上叶片 5~6 片，全株 10~20 片叶。雄穗：雄穗主侧枝明显，苞叶长度适中，无剑叶，一级分枝 5~7 个。果穗：果穗长柱型，穗长 22~25cm，穗粗 5cm 左右，穗行数 12~14，行粒数 45~50 粒，红轴。籽粒：深黄色，半齿型。

品质：2005 年农业部谷物及制品质量监督检验中心（哈尔滨）测试：籽粒含粗蛋白 8.75%、粗脂肪 3.84%、粗淀粉 75.14%、赖氨酸 0.26%，容重757g/L。

抗性：2005 年辽宁省丹东农业科学院抗病育种鉴定中心接种鉴定结果：抗大斑病（3R）、灰斑病（3R），中抗弯孢病（5MR），高抗丝黑穗病（0HR）、纹枯病（1HR）和玉米螟（2HR）。

产量表现：春季抓苗好，发苗快，果穗整齐一致，结实好，叶片上冲，株型紧凑，充分利用光能，有利于干物质积累，后期灌浆速度快。粮食容重高，商品品质好，先正达 408 气生根发达，抗倒伏能力强。≥10℃ 活动积温 2 700℃ 以上，海拔 1 850m 以下区域种植，一般亩产可达 750kg，具有亩产 900kg 的增产潜力。

栽培要点：①播种期：在适宜生态区一般 4 月下旬至 5 月上旬播种，播种量

2kg/亩，亩保苗3 500~4 000株/亩为宜。②施肥：种肥每亩施用磷酸二铵20kg，或相应的玉米专用复合肥。追肥每亩硝酸铵或尿素10~15kg。或一次性玉米复合肥30kg。

六、登海618

来源：山东登海种业股份有限公司。

特征特性：株型紧凑，全株叶片数19片，幼苗叶鞘深紫色，花丝紫色，花药紫色。株高250cm，穗位82cm，倒伏率1.1%、倒折率0.7%。果穗筒形，穗长16.2cm，穗粗4.5cm，秃顶1.1cm，穗行数平均14.7行，穗粒数458粒，红轴，黄粒、半马齿型，出籽率87.5%，千粒重328g，容重721g/L。

抗性：中抗小斑病，感大斑病、弯孢叶斑病，高抗茎腐病，感瘤黑粉病，高抗矮花叶病。

品质：2011年经农业部谷物品质监督检验测试中心（泰安）品质分析：粗蛋白含量10.5%，粗脂肪3.7%，赖氨酸0.35%，粗淀粉72.9%。

产量表现：2011—2012年生产试验平均亩产636.2kg，比对照郑单958增产7.9%。

原州区海拔1 850m以下区域种植，平均单产750kg左右。

栽培要点：适宜密度为每亩4 500~5 000株，其他管理措施同一般大田。

七、陇单9号

普通玉米品种。幼苗叶鞘紫色，株型紧凑，株高280cm，穗位高105cm，成株叶片数19片。

特征特性：普通玉米品种。幼苗叶鞘紫色，株型紧凑，株高280cm，穗位高105cm，成株叶片数19片。果穗筒型，穗长21.8cm，穗粗5.2cm，轴粗3.0cm，穗行数16行，行粒数44粒。穗轴红色。籽粒黄色、半马齿型，千粒重445克。含粗蛋白9.03%，粗脂肪3.75%，粗淀粉75.5%，赖氨酸0.351%。生育期133天。抗病性，经接种鉴定，抗丝黑穗病、大斑病和红叶病，中抗茎腐病和瘤黑粉病，感玉米矮花叶病。

产量表现：在2010—2011年甘肃省玉米品种区域试验中，平均亩产982.6kg，比对照品种郑单958增产6.37%。2011年生产试验，平均亩产986.0kg，比对照品种郑单958增产7.9%。

原州区海拔1 750m以下区域种植，平均单产750~800kg。

栽培要点：4月中下旬播种。种植密度，每亩5 500~6 000株。

八、登海1号

选育单位：山东省莱州市农业科学院。

品种来源：母本：登海4866；父本：196。由山东莱州市农科院育成。宁夏种子管理站、宁夏农作物所于1996年引入。

特征特性：株型紧凑，根系发达，在宁南山区种植株高236～252cm，穗位高88～96cm，全株总叶片数15～17片，茎粗2.6cm，穗长17cm，穗粗5.2cm，穗行数16行，行粒数36粒左右，穗粒数576粒，单穗粒重166.4g，千粒重265g左右。果穗筒形、白轴、黄粒、马齿型，籽粒含粗蛋白8.01%，赖氨酸0.36%，粗脂肪3.87%，粗淀粉75.13%。全生育期139d，抗玉米小斑病、茎腐病、矮花叶病，中感大斑病，耐密植，活秆成熟，叶片浓绿肥厚宽大，抗倒伏强。

栽培要点：适宜密植，川水地4 000～4 700株/亩，山旱地3 500～4 4000株/亩。科学施肥，氮磷钾配合使用，注重施足底肥，苗期促早发。注意防治病虫害，适时收获。

产量表现：一般产量550～600kg/亩。

适宜地区：适宜在宁夏自治区宁南山区海拔1 800m以下地区水、旱地覆膜种植。

九、登海3672

品种来源：区种子管理站2001年引入。

特征特性：叶片深绿色，株型紧凑，茎秆坚韧，株高240～250cm，穗位高90～100cm，雄穗分枝8～10个，颖壳绿色，花药黄绿色，花丝浅粉色；果穗筒型，穗长20cm左右，穗粗5.3cm，穗行数16～20行，行粒数37粒左右，籽粒红色、半硬粒型，穗轴红色。千粒重340g左右，容重682g/L，籽粒含粗蛋白11.1%，粗脂肪3.63%，粗淀粉73.68%，赖氨酸0.26%。根系较发达，高抗病毒病和青枯病，抗倒性好。活秆成熟。生育期136天。

产量表现：2001年区域试验平均产量687.9kg/亩，比对照中单2号增产0.85%；2002年区域试验平均产量942.87kg/亩，比对照中单2号增产14.56%；两年区域试验平均产量815.39kg/亩，比对照中单2号增产8.35%；2002年生产试验平均产量663.2kg/亩，比对照中单2号增产13.48%。

栽培要点：播种：播种期4月上旬，合理密植：密度每亩3 500～4 000株。

种植区域：适宜宁南山区露地或覆膜种植。

十、金穗9号（金穗2021）

品种来源：甘肃白银金穗种业有限公司育成。2004年宁夏农林科学院农作物研究所引入本区。

特征特性：幼苗绿色，叶鞘紫色，叶下披，拱土能力强。半紧凑型，16 片叶，活秆成熟。株高 247cm，叶茎张角 35°，穗位高 111cm。花药紫色，雄穗分枝 10～12 个，花粉量大，雌穗花丝红色，果穗长锥形，穗轴红色，穗长 19.5cm，穗粗 5.0cm，秃尖长 1.3cm，穗行数 14～16 行，行粒数 40 粒，出籽率 86.2%，籽粒黄色，马齿型，百粒重 32.7g。经农业部谷物品质监督检验测试中心（北京）测定：籽粒容重 740g/L，粗蛋白 9.16%，粗脂肪 4.58%，粗淀粉 75.13%，赖氨酸 0.28%。

生育期 135 天，属中晚熟品种。抗小斑病、矮花叶病，中抗大斑病，感丝黑穗病、玉米螟，中感茎腐病。

适宜地区及产量水平：2005 年区域试验平均亩产 804.9kg，较对照中单 2 号增产 8.86%；2006 年区域试验平均亩产 697.5kg，较对照中单 2 号增产 9.53%；两年区域试验平均亩产 751.2kg，较对照中单 2 号增产 9.20%。2006 年生产试验平均亩产 715.5kg，较对照中单 2 号增产 14.32%。

培技术要点：

①播期：4 月上旬播种。

②重施基肥、追肥：播前结合整地亩施磷二胺 40kg；拔节期亩追施尿素 20kg，喇叭口期亩追施尿素 30kg。

③适宜密度：该品种属大穗型品种，密度不宜过大，一般亩保苗 4 000～4 500株。

④覆膜：一般覆膜单种较好，也可以带田套种。

适宜范围：适宜宁南山区覆膜或露地种植。

十一、金穗 3 号

选育单位：白银金穗种业有限公司。

特征特性：幼苗拱土力强，叶鞘黄绿色。株高 192cm，穗位高 94cm。单株 17 片叶。株型紧凑。雄穗分枝 17 个，花药浅黄色，花粉量大。雌穗花丝粉红色。果穗长锥形，长 24.9cm，粗 5.6cm，秃顶长 0.5cm。穗行数 16～18 行，行粒数 41 粒；穗轴紫红色。出籽率 86%。籽粒黄色，半马齿型，千粒重 292.4g，含粗蛋白质 9.9%，赖氨酸 0.34%，粗淀粉 73.39%，粗脂肪 3.88%。生育期 130 天，比酒单 2 号早熟 5～6 天，属中熟种。

抗病性经省农科院植保所人工接种鉴定，高抗红叶病，感丝黑穗病和大斑病，高感矮花叶病。在 2004—2005 年全省玉米早熟组区试中，平均折合亩产

584.3kg，比对照酒单 2 号增产 23.79%。2005 年省玉米生产试验平均亩产 571kg，比对照酒单 2 号增产 32.0%。

栽培要点：

①播期：4 月上旬播种。

②播前结合整地亩施磷酸二铵 40kg；拔节期亩追施尿素 20kg，喇叭口期亩追施尿素 30kg。

③亩保苗一般为 4 000～4 500 株。

④注意防治矮花叶病、丝黑穗病和大斑病。

适宜范围：适宜于海拔 1 850m 以下，≥10℃活动积温 2 250℃以上的区域种植。

十二、榆单 88

选育单位：陕西大地种业有限公司（陕审玉米 2012026 号）。

特征特性：幼苗叶色深绿，叶鞘紫色，长势强。成株叶色深绿，株型紧凑，根系发达，秆硬抗倒，长势强。株高 250cm，穗位高 90cm，成株叶片数 20 片。花药黄色，雌穗花丝红色。果穗：筒形，穗长 22cm，穗粗 5.2cm，穗行数 16～18 行，果穗柄短，苞叶长度适中，穗轴红色。籽粒：橙黄色，半马齿型，千粒重 400 克，出籽率 90%，容重 766g/L。

适应地区及产量水平：该品种适宜于宁南山区海拔 1 850m 以下区域，平均产量 750kg，最高产量达到 802.3kg。

栽培技术要点：

①种植应选择中上等水肥条件的田块，春播适宜播期 4 月中下旬。

②精细整地：做到土壤疏松，墒情良好，灌水方便。

③合理施肥：结合翻耕整地，施入充足的有机肥 2 500kg/亩，复合肥 20kg/亩。追肥分别在拔节期、大喇叭口期各追肥一次。尽量做到测土配方施肥。

④种植密度：3 800～4 000 株/亩，全膜覆盖双垄集雨沟播种植密度在 4 500～5 000 株/亩。

⑤适宜范围：在宁南山区海拔 1 800m 以下，≥10℃活动积温 2 350℃以上的区域种植，生育期 135 天左右。

十三、中单 909

选育单位：中国农业科学院作物科学研究所。

2012 年，农业部推荐为全国主导品种及高产创建品种。2012 年，农业部推荐为"双增二百"科技活动主导品种。2013 年，农业部再次推荐为全国主导品种。

特征特性：幼苗叶鞘紫色，叶片绿色，叶缘绿色，花药浅紫色，颖壳浅紫色。株型紧凑，株高250cm，穗位高100cm，成株叶片数21片。花丝浅紫色，果穗筒型，穗长17.9cm，穗行数14～16行，穗轴白色，籽粒黄色、半马齿型，百粒重33.9g。

经接种鉴定，中抗弯孢菌叶斑病，感大斑病、小斑病、茎腐病和玉米螟，高感瘤黑粉病。经农业部谷物品质监督检验测试中心（北京）测定，籽粒容重794g/L，粗蛋白含量10.32%，粗脂肪含量3.46%，粗淀粉含量74.02%，赖氨酸含量0.29%。抗倒伏（折）、抗病、抗虫，果穗整齐、结实性好的特点，以及较高的生产潜力，适宜大面积推广种植。

产量表现：平均单产650kg以上，补充灌溉区增产效果显著。

栽培技术要点：

① 在中等肥力以上地块种植。

② 适宜播种期6月上中旬。

③每亩适宜密度4 500～5 000株。

④注意防治病虫害，及时收获。

适宜范围：在宁南山区海拔1 700m以下，≥10℃活动积温2 550℃以上的区域种植，生育期135天左右。

十四、郑单958

选育单位：河南省农业科学院粮食作物研究所。

特征特性：幼苗叶鞘紫色，叶色淡绿，叶片上冲，穗上叶叶尖下披，株型紧凑，耐密性好。生育期130天左右，株高250cm左右，穗位111cm左右，穗长17.3cm，穗行数14～16行，穗粒数565.8粒，千粒重329.1g，出籽率高达88%～90%。果穗筒形，穗轴白色，籽粒黄色，偏马齿型，穗子均匀，轴细，粒深，不秃尖，无空秆，年间差异非常小，稳产性好。抗倒、抗病：郑单958根系发达，株高穗位适中，抗倒性强；活秆成熟，经1999年抗病鉴定表明，该品种高抗矮花叶病毒、黑粉病，抗大小斑病。品质优良：该品种籽粒含粗蛋白8.47%、粗淀粉73.42%、粗脂肪3.92%，赖氨酸0.37%；为优质饲料原料。

产量表现：1998—1999年参加了国家玉米杂交种黄淮海片区域试验，两年产量均居第一位，其中，山东省四处试点两年平均亩产681.0kg，比对照鲁玉16号增产11.57%；1999年参加山东省玉米杂交种生产试验，7处试点平均亩产691.2kg，比对照掖单4号增产14.8%，在宁南山区平均亩产650kg以上。

栽培要点：4月中旬，保护地种植或补充灌溉区露地种植；一般密度4 000株/亩左右，中上等水肥地4 000株/亩，高水肥地4 500株/亩为宜。注意增施磷钾肥提苗，重施拔节肥；大喇叭口期防治玉米螟。

适宜范围：在宁南山区生育期135天左右，≥10℃活动积温2 550℃的地区种植，生育期135天左右，适宜范围在海拔1 800m以下推广种植。

十五、先玉335

先玉335是美国先锋公司选育的优良玉米杂交种。由敦煌种业先锋良种有限公司按照美国先锋公司的质量标准和专有技术独家生产加工销售。具有高产、稳产、抗倒伏、适应性广、熟期适中、株型合理等优点。于2004年、2006年分别通过了国家审定。

审定编号：国审玉2004017号（夏播）、国审玉2006026号（春播）。

选育单位：铁岭先锋种子研究有限公司

品种来源：母本为PH6WC，来源为先锋公司自育；父本为PH4CV，来源为先锋公司自育。

特征特性：该品种田间表现幼苗长势较强，成株株型紧凑、清秀，气生根发达，叶片上举。其籽粒均匀，杂质少，商品性好，高抗茎腐病，中抗黑粉病，中抗弯孢菌叶斑病。田间表现丰产性好，稳产性突出，适应性好，早熟抗倒。

幼苗叶鞘紫色，叶片绿色，叶缘绿色。成株株型紧凑，株高286cm，穗位高103cm，全株叶片数19片左右。花粉粉红色，颖壳绿色，花丝紫红色，果穗筒形，穗长18.5cm，穗行数15.8行，穗轴红色，籽粒黄色，马齿型，半硬质，百粒重34.3g。

经河北省农业科学院植物保护研究所两年接种鉴定，高抗茎腐病，中抗黑粉病、弯孢菌叶斑病，感大斑病、小斑病、矮花叶病和玉米螟。经农业部谷物品质监督检验测试中心（北京）测定，籽粒粗蛋白含量9.55%，粗脂肪含量4.08%，粗淀粉含量74.16%，赖氨酸含量0.30%。经农业部谷物及制品质量监督检验测试中心（哈尔滨）测定，籽粒粗蛋白含量9.58%，粗脂肪含量3.41%，粗淀粉含量74.36%，赖氨酸含量0.28%。

产量表现：2002—2003年参加黄淮海夏玉米品种区域试验，38点次增产，7点次减产，两年平均亩产579.5kg，比对照农大108增产11.3%；2003年参加同组生产试验，15点增产，6点减产，平均亩产509.2kg，比当地对照增产4.7%。

在宁南山区生育期135天左右，≥10℃活动积温2 550℃的地区种植，生育期135天左右。

栽培技术要点：适宜密度为 4 000~4 500 株/亩，注意防治大斑病、小斑病、矮花叶病和玉米螟。在宁南山区 4 月上中旬播种，适宜种植密度：4 000~4 500 株/亩，最高可达 5 000 株/亩。适当增施磷钾肥，以发挥最大增产潜力。全膜覆盖双垄集雨沟播，造好底墒，施足底肥，精细整地，精量播种，增产增收。

十六、强盛 16 号

选育单位：山西强盛种业有限公司。

特征特性：苗期生长势强。株高 210cm，穗位高 70cm，株型紧凑，叶片上冲，生长整齐，叶片数 18~19 行，茎粗 2.2cm，花药黄色，花丝浅红色，雌雄协调，植株整齐健壮，果穗筒形，穗柄短，穗长 20~22cm，穗粗 5.2cm，秃顶小，穗轴白色，单穗粒重 178g，籽粒黄色，半马齿型，千粒重 366g 出籽率 85.7%。

品质分析：粗蛋白含量 8.9%，粗脂肪含量 3.68%，粗淀粉含量 75.71%，赖氨酸含量 0.26%，容重 758g/L。

抗病鉴定：高抗粗缩病，抗穗腐病，中抗大斑病、小斑病，茎腐病，感丝黑穗病、青枯病，高感矮花叶病，不抗玉米丝黑穗病。

产量表现：全膜覆盖双垄集雨沟播栽培平均单产达到 650kg 左右，半膜及露地平均单产在 550kg

栽培要点：半膜栽培密度 3 500~4 000 株/亩，全膜覆盖双垄集雨沟播及补充灌溉密度在 4 500~4 800 株，亩施农家肥 2 000kg，追尿素 25kg、磷酸二铵 20kg。

适宜区域：在宁南山区 4 月上中旬播种，≥10℃活动积温 2 350℃的地区种植，生育期 130 天左右。

十七、承单 20 号

选育单位：方华选育。

主要特征特性：幼苗绿色，叶片窄，叶鞘紫色。株型半紧凑，株高 268cm 左右，穗位 105cm 左右。属中晚熟杂交种，需有效积温 2 600℃，春播生育期 123 天左右，活秆成熟。雄穗护颖绿色，花药黄色。果穗锥形，穗轴红色，花丝粉红色，穗长 21.5cm 左右，穗行数 15 行左右，籽粒黄色，硬粒型，千粒重 406g 左右。抗倒性好，抗旱性好。

抗病性：2001 年河北省植保所抗病鉴定结果，抗小斑病，高抗大斑病和弯孢菌叶斑病，高抗丝黑粉病、茎腐病、矮花叶病和粗缩病。

籽粒品质：2001 年农业部谷物品质检测中心（北京）检测，粗蛋白 8.66%，

粗脂肪 3.72%，粗淀粉 73.32%，赖氨酸 0.28%。

产量表现：平均亩产分别在 630～770kg。

栽培要点：半膜亩留苗 3 500～4 000株；全膜覆盖双垄集雨沟播及补充灌溉密度在 4 500～4 800株，亩施农家肥 2 000kg，追尿素 25kg、磷酸二铵 20kg，九叶期追肥，大喇叭口期适量补施。

适宜区域：在宁南山区 4 月上中旬播种，≥10℃活动积温 2 350℃的地区种植，生育期 130 天左右。

十八、富农 1 号

选育单位：甘肃富农高科技种业有限公司、甘肃农业大学农学院。

特征特性：幼苗绿色，拱土力强。株型紧凑，全株叶片数 20～21 片，株高 264cm，穗位高 113cm；雄穗 11～13 个分枝，花药黄色，花粉量大；果穗为筒形，花丝红色，穗长 22.6cm，穗粗 5.6cm，穗行数 18 行左右，行粒数 39.4 粒，穗轴红色，轴粗 2.8cm；出籽率 82.1%，籽粒黄色，千粒重 398g。含粗蛋白质 8.38%、粗淀粉 76.49%、粗脂肪 3.48%、赖氨酸 0.32%。生育期 131 天，比对照豫玉 22 早熟 5 天，属晚熟品种，活秆成熟。茎秆较粗，抗倒伏。高抗矮花叶病，抗红叶病、丝黑穗病和大斑病。

产量表现：在海拔 1 600m 左右补充灌溉区，平均单产达到 750kg 以上。

栽培要点：采用宽窄行种植，宽行 60cm，窄行 40cm。密度 3 500～4 000株/亩；全生育期浇水 3 次，即拔节、孕穗和灌浆期各 1 次。

适宜范围：适宜于海拔 1 600m 以下，≥10℃活动积温 2 550℃的地区种植，生育期 140 天左右。

十九、屯玉 53

品种来源：山西屯玉种业科技股份有限公司用 0793×5102 组配的玉米杂交种。

特征特性：株高 250cm 左右，穗位高 85cm 左右，成株叶片数 18 片左右，株型较上冲。果穗长筒形，穗长 20cm 左右，穗行数 16～18 行，单穗粒重 175g 左右，百粒重 36g 左右，籽粒橙黄色，硬粒型，红轴。出籽率 87.5%。经中国农科院作物品种资源研究所鉴定：抗大斑病（3 级）、抗小斑病（3 级）、高感矮花叶病（100%）、高感茎腐病（76.2%）。经农业部谷物品质监督检验测试中心分析：容重 705g/L、粗蛋白 10.60%、粗脂肪 4.06%、粗淀粉 71.11%、赖氨酸 0.29%。

产量表现：全膜覆盖双垄集雨沟播栽培平均单产达到 650kg 左右，半膜及露地平均单产在 550kg。

栽培技术要点：单种、麦行套种或与豆类间作种植均可。要增施有机底肥，配施氮、磷、钾种化肥，保证其生长发育需要。生育后期注意防螟、防蚜措施。半膜亩留苗 3 500～4 000株；全膜覆盖双垄集雨沟播及补充灌溉密度在 4 500～4 800株，亩施农家肥 2 000kg，追尿素 25kg、磷酸二铵 20kg，九叶期追肥，大喇叭口期适量补施。

适宜种植地区：适宜于海拔 1 800m 以下，≥10℃活动积温 2 350℃的地区种植，生育期 130 天左右。

十二、农华101

选育单位：北京金色农华种业科技有限公司。

特征特性：在东华北地区出苗至成熟 128d，与郑单 958 相当，需有效积温 2 750℃左右；在黄淮海地区出苗至成熟 100d，与郑单 958 相当。幼苗叶鞘浅紫色，叶片绿色，叶缘浅紫色，花药浅紫色，颖壳浅紫色。株型紧凑，株高 296cm，穗位高 101cm，成株叶片数 20～21 片。花丝浅紫色，果穗长筒型，穗长 18cm，穗行数 16～18 行，穗轴红色，籽粒黄色、马齿型，百粒重 36.7g。

经丹东农业科学院和吉林省农业科学院植物保护研究所接种鉴定，抗灰斑病，中抗丝黑穗病、茎腐病、弯孢菌叶斑病和玉米螟，感大斑病；经河北省农林科学院植物保护研究所接种鉴定，中抗矮花叶病，感大斑病、小斑病、瘤黑粉病、茎腐病、弯孢菌叶斑病和玉米螟，高感褐斑病和南方锈病。

经农业部谷物及制品质量监督检验测试中心（哈尔滨）测定，籽粒容重 738 克/升，粗蛋白含量 10.90 %，粗脂肪含量 3.48%，粗淀粉含量 71.35%，赖氨酸含量 0.32%。经农业部谷物品质监督检验测试中心（北京）测定，籽粒容重 768 克/升，粗蛋白含量 10.36%，粗脂肪含量 3.10%，粗淀粉含量 72.49%，赖氨酸含量 0.30%。

产量表现：2008—2009 年参加东华北春玉米品种区域试验，两年平均亩产 775.5kg，比对照郑单 958 增产 7.5%；2009 年生产试验，平均亩产 780.6kg，比对照郑单 958 增产 5.1%。2008—2009 年参加黄淮海夏玉米品种区域试验，两年平均亩产 652.8kg，比对照郑单 958 增产 5.4%；2009 年生产试验，平均亩产 611kg，比对照郑单 958 增产 4.2%。在原州区平均亩产 622.8kg。

栽培要点：在中等肥力以上地块栽培，半膜、露地种植每亩适宜密度 4 000 株左右，全膜覆盖种植区每亩适宜密度 4 500～5 000株，注意防治大斑病；注意防止倒伏（折），褐斑病、南方锈病、大斑病重发区慎用。

播期在 4 月 20 日前后播种，最迟不能超过 5 月 10 日；种子最好包衣或拌种，预防地下害虫与丝黑穗病；播前施足基肥，4～6 叶定苗，定苗前拔除病株，清除杂草，在蚜虫迁飞期喷施杀虫剂防治矮花叶病；播后 45～50 天或 9～10 片展开叶时亩追尿素 20～25kg，追后浇水；大喇叭口期撒施颗粒剂预防玉米螟，抽雄期间避免过早，最好乳线消失后收获。

二十一、德单 3 号

选育单位：北京德农种业有限公司武禾分公司。

特征特性：幼苗茎色紫色，叶色浓绿，株高 290cm，穗位高 117cm，茎粗 3.5cm。株型紧凑，雄穗分枝 21～30 个，颖壳为绿色，花药黄色，花粉量大。果穗长 20.3cm，穗粗 5.2cm，穗行数 16 行，穗轴红色，出籽率 85%。籽粒半马齿型，橘红色，角质，千粒重 429.2g，含淀粉 75.31%，蛋白质 9.434%，脂肪 3.34%，赖氨酸 0.332%。生育期 135 天。高抗红叶病，抗矮花叶病，中抗丝黑穗病，高感大、小斑病。

产量表现：在 2004—2005 年省玉米中晚熟组区试中，平均折合亩产 816.5kg，比对照中单 2 号增产 16.4%。2006 年在省玉米品种生产试验中，平均亩产 795.6kg，比对照酒试 20 增产 8%。

栽培要点：①种子包衣，防治病虫害。②适宜密度 4 500 株/亩。③亩施纯 N 23kg，P_2O_5 13kg，锌肥 2kg。

适宜范围：在海拔 1 700m 以下区域种植。

二十二、金穗 1 号

品种来源：河北省稻作研究所。

特征特性：株高 105cm 左右，植株紧凑，根系发达，叶片直立，色浓绿。基部节间短，穗颈节长，茎秆弹性好。穗长 16cm 左右，穗粒数 110 个左右，千粒重 25g 左右。籽粒饱满色黄，皮薄，颖壳黄白，无芒。属中晚熟品种，全生育期 170 天左右。分蘖力强，单株分蘖成穗 10 个左右。抗倒伏，耐盐碱。高抗穗瘟病，中抗稻曲病。品质：糙米率 83.6%，精米率 77.9%，整精米率 70.2%，垩白米率 2%，垩白度 0.2%，透明度 2 级。籽粒粗蛋白 10.0%，直链淀粉 16.9%，胶稠度 66mm，糊化温度（碱消值）7 级。透明度、胶稠度达到部颁优质米二级标准，其它指标达到部颁优质米一级标准。

产量表现：2001—2002 年河北省水稻品种区域试验结果，平均亩产分别为 583.1kg 和 579.7kg。2002 年同组生产试验结果，平均亩产 609.3kg。原州区平均亩产 582.4kg，最高单产 782.5kg。

栽培要点：4月上旬播种，播前种子药剂浸种。亩播量75～100kg。5月上旬定苗。适当加大施肥量，每亩施碳铵80kg、二铵10kg、钾肥5kg、锌肥1kg。肥量分配前重后轻。半膜种植密度3 500～4 000株/亩，全膜覆盖种植密度4 500～4 800株/亩。

种植区域：在海拔1 800m以下区域种植。

二十三、中单5485

品种来源：中国农业科学院作物所1998年育成，宁夏种子管理站于1998年引入我区。

特征特性：该品种幼苗绿色，基鞘紫色。成株株型半紧凑，19片叶，株高238cm，穗位82cm，雄穗主轴明显，分枝中等，枝条斜伸，护颖绿色，花药黄色，花粉量多。雌穗穗柄短，穗斜伸，果穗长筒形，花丝粉红色。穗长19.5cm，穗粗5cm，穗行数16～18行，行粒数37粒。单穗粒重172g；籽粒半马齿，黄色，轴红色。千粒重357g，出籽率84.9%，品质较好：籽粒含粗蛋白7.43%，脂肪3.56%，粗淀粉74.75%，赖氨酸0.22%。该杂交种属中熟、中秆、半紧凑大穗型杂交种，全生育期141天。抗霜霉病、大小斑病、茎腐病、纹枯病，轻感丝黑穗、黑粉病，抗倒性强，耐瘠薄，耐密性好。

产量表现：1999年、2000年、2001年连续三年在南部山区区域试验，居参试品种第一位；3年区域试验，平均产量11 208.5kg/公顷（747.23kg/亩），比对照中单2号［10 350.5kg/公顷（690.03kg/亩）］增产8.29%，比对照宁单8号［9 802.5kg/公顷（653.5kg/亩）］增产14.34%；一般单种产量9 900kg/公顷（660kg/亩）。

栽培要点：

①播种：播种期4月20日左右。每公顷播种量52.5kg（单种），适时播种，可采用机条播或人工开沟播种，一般播5～7cm。

②合理密植：单种采用宽窄行，密度每公顷60 000～67 500株。

③施肥：每公顷需施农家肥45 000kg，酌情需施磷钾肥各150kg；全生育期每公顷需施用$P_2O_5$138kg（折磷酸二铵300kg）、纯N 270kg（折尿素600kg），于生长前期追施钾、锌等微肥

二十四、沈单16号

品种来源：沈阳市农业科学院作物所。

主要性状：

产量：多年多点试验在650～780kg增加，增产显著，增产效果稳定。

品质：沈单 16 号籽粒半马齿型，橙黄色，大小均匀，角质含量高，千粒重 400 克，容重 771g/L。经农业部产品质量监督检验测试中心测试：粗蛋白、粗脂肪、总淀粉、赖氨酸各项指标均超过国家普通优质玉米标准，是一个具有较好商品品质、营养品质、加工品质、卫生品质的粮饲兼用品种。

抗病性：抗大小斑病、茎腐病、矮花叶病、黑粉病、弯孢菌叶斑病、丝黑穗病、纹枯病、尾孢菌叶斑病等当前生产上主要玉米病害。

适应性：沈单 16 号对温光反应敏感，随纬度南移生育期缩短，可塑性很大，既可春播又可夏播，具有较广的生态区域适应性。沈单 16 号在沈阳地区从出苗至成熟 127 天左右，正常成熟需 ≥10℃ 积温 2 865.8℃·天。1999 年和 2000 年全国玉米攻关展示田中，沈单 16 号从出苗至成熟分别为 98 天和 112 天，活秆成熟，适应性较好。是中国近年来育成的推广应用区域最广泛的玉米品种之一。

特征特性：

种植性状：幼苗：叶鞘紫色，叶片绿色。植株：成株高 280cm，穗位 118cm，株型塔型。全株叶片 23～24 片。雄穗：分枝 10～12 个。花丝：粉红色、花药粉色。果穗：苞叶上有小箭叶，长筒型，穗长 25cm，穗行数 16～18 行。籽粒：橙黄色、穗轴红色、半马齿—硬粒型，千粒重 400g 左右。

品质：经农业部谷物品质检测中心检验结果粗蛋白 10.69%、赖氨酸 0.30%、粗脂肪 4.45%、淀粉 73.9%。

品质：沈单 16 号籽粒半马齿型，橙黄色，大小均匀，角质含量高，千粒重 400g，容重 771g/L。经农业部产品质量监督检验测试中心测试：粗蛋白、粗脂肪、总淀粉、赖氨酸各项指标均超过国家普通优质玉米标准，是一个具有较好商品品质、营养品质、加工品质、卫生品质的粮饲兼用品种。

栽培技术要点：

播种：播种期 4 月 20 日左右。

密度：一般栽培条件下保苗 3 300 株，在全膜覆盖双垄沟播条件下最大密度可达到 4 500～5 000 株/亩。

田间管理：施足底肥、每亩施农家肥 5 000kg 以上，播种时每亩施磷酸二铵 20kg，尿素 5kg，拔节期每亩追肥尿素 30kg，防粘虫与玉米螟。

附录二　秋季覆膜及种植玉米农事活动安排

月份	主要农事活动	内容
9 至 10 月上旬	物资准备	1. 农用物资：肥料一般以亩施农家肥 3 000 ~ 5 000kg、尿素 30 ~ 40kg、磷酸二铵 15 ~ 20kg、玉米专用肥 20kg，每亩地膜 7 ~ 8kg，厚度 0.008 ~ 0.01mm、宽120cm，种子 3kg/亩，备用农药为 40% 辛硫磷乳油、50% 乙草胺乳油 2. 品种：长城 706、迪卡、登海 8632、金穗 5 号等
10 月上旬至 11 月上旬	整地覆膜	1. 前作收获后，及时深耕整地、耙磨，蓄水 2. 施肥：除 1/3 尿素、1/2 二铵作追肥外，其余肥料全部作基肥，农家肥起垄前撒施在地里，其他肥料混合后在覆膜时撒在垄沟内或覆膜机沟施 3. 地下害虫严重的地块，整地覆膜时用 40% 辛硫磷乳油 0.5kg 加细沙土 30kg，拌成毒土撒施或对水 50kg 喷施，杂草危害严重的地块，整地覆膜时用 50% 乙草胺乳油 100g 对水 50kg，全地面喷雾。每喷完一带后再喷另外一带，以提高药效，对药或喷药时要戴橡皮手套、口罩 4. 覆膜：采用机械覆膜，每幅垄分大小双行，幅宽 100 ~ 110cm，大垄宽 70cm，高 10cm；小垄宽 40cm，高 15cm，膜与膜的接口处在大垄中间，接口处覆 10cm 宽的土压膜，并隔 2 ~ 3m 压土带 5. 覆膜一周左右后，在垄沟内每隔 50cm 处打渗水孔，直径 5 ~ 10mm 6. 做好一膜两季、秋覆地膜的护膜工作
12 月至翌年 2 月	保护地膜	护膜越冬，用秸秆覆盖地膜，地膜破损处，用细土封口，禁止牲畜及其他动物入地。防治地膜破损
3—4	顶凌（早春）覆膜，确定适宜密度，适时播种	1. 顶凌（早春）覆膜时间为 3 月上中旬土壤昼消夜冻时 2. 覆膜，覆膜方法同秋覆膜 3. 播种密度，以 4 500 ~ 5 000 株为宜，株距 30 ~ 35cm 4. 当地表温度稳定通过 10℃ 时即可播种（4 月上中旬），播种时用播种器按确定的株距穴播，每穴两粒
5 月	苗期管理	出苗期及时破除板结，放苗、查苗、补苗，保全苗，3 ~ 5 叶期间苗，定苗
6—7	中期管理	1. 及时掰除分蘖 2. 玉米进入拔节期到大喇叭口期追施壮杆攻穗肥，一般亩施尿素 15 ~ 20kg，磷酸二铵 7.5 ~ 10kg，同时注意防治玉米螟，瘤黑粉病等 3. 一膜两季田块，拔节期追肥为总施肥量的 2/3，大喇叭口期追肥为总施肥量的 1/3
7—9	后期收获	管理重点是防止早衰，增粒重，防病虫，若发现植株泛黄等缺肥病状时，追施增粒肥，一般亩追施尿素 5kg 为宜，病虫发生时，及时防治
9—10	收获整地	1. 玉米茎叶变黄，叶色变浅，籽粒变硬时及时收获，收获后晾晒，脱粒，贮藏。2. 及时中耕整地，一膜两季田块用秸秆等覆盖地膜

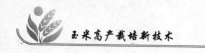

附录三 宁南山区地膜玉米亩产750~800kg高产创建技术规范模式

<table>
<tr><td colspan="2" rowspan="2">月份</td><td colspan="3">4</td><td colspan="3">5</td><td colspan="3">6</td><td colspan="3">7</td><td colspan="3">8</td><td colspan="3">9</td><td colspan="3">10</td></tr>
<tr><td>上</td><td>中</td><td>下</td><td>上</td><td>中</td><td>下</td><td>上</td><td>中</td><td>下</td><td>上</td><td>中</td><td>下</td><td>上</td><td>中</td><td>下</td><td>上</td><td>中</td><td>下</td><td>上</td><td>中</td><td>下</td></tr>
<tr><td colspan="2">节气</td><td>清明</td><td></td><td>谷雨</td><td>立夏</td><td></td><td>小满</td><td>芒种</td><td></td><td>夏至</td><td>小暑</td><td></td><td>大暑</td><td>立秋</td><td></td><td>处暑</td><td>白露</td><td></td><td>秋分</td><td>寒露</td><td></td><td>霜降</td></tr>
<tr><td colspan="2">品种类型及产量构成</td><td colspan="21">主要品种：榆单88、长城799、长城799、先玉335、金穗3号，迪卡656，登海3672，强盛16，屯玉58等
产量构成：每亩4 000~4 500穗，每穗550~600粒，千粒重300~350g，单穗粒重175~200g</td></tr>
<tr><td colspan="2">生育时期</td><td colspan="21">播种：4月下旬；出苗：5月上中旬；拔节：6月中旬；抽雄、开花、吐丝：7月中下旬；成熟：10月上旬</td></tr>
<tr><td rowspan="4">播前准备</td><td>选地</td><td colspan="21">选择海拔1 800℃以下、4~9月≥10℃活动积温达2 300℃以上区域种植。要求地势平坦、土层深厚、肥力中上，最好有补充灌溉条件的土壤</td></tr>
<tr><td>整地</td><td colspan="21">上年秋季结合深施肥深耕翻晒灭茬，耕地深度不低于20cm，做到田面平整，无根茬，无坷垃。采用全膜或半膜覆盖，根据降水情况进行秋覆膜或春覆膜，秋覆膜可将农家肥和磷肥施入垄带内，一次性完成施肥、深耕、起垄，除草</td></tr>
<tr><td>施肥</td><td colspan="21">秋覆膜施肥：起垄前将农家肥和化肥均匀撒在垄带区域地表，亩施腐熟农家肥2 000kg左右，纯N 5kg、P_2O_5 5kg、K_2O 5kg，通过深耕地将肥料集中翻入垄床底部20cm左右，然后起垄覆膜
早春顶凌覆膜施肥：农家肥于上年秋季耕地前撒施地表，通过耕地翻入地下20cm左右，化肥于春季（3月中旬）起垄前撒施地表（施肥量同秋覆膜），通过起垄翻入地下</td></tr>
<tr><td>起垄覆膜</td><td colspan="21">起垄要求：利用起垄机或人工起垄，半膜覆盖：垄宽60cm左右，垄高5~10cm，沟宽40cm。起垄不宜过高，以便充分纳雨蓄墒。全膜覆盖：大垄垄低宽70cm，垄高10~15cm，</td></tr>
<tr><td rowspan="3">播前准备</td><td>施肥</td><td colspan="21">小垄垄底宽40cm，垄高15~20cm，大小垄总宽幅110cm，起垄结束后，最好用50%乙草胺100g对水50kg或二甲戊灵200ml对水50kg喷雾后覆膜
覆膜：秋覆膜：于上年秋末季节（10月中下旬）结合深耕、施肥、起垄，然后覆膜，等待来年春季播种
早春顶凌覆膜：于早春3月上中旬土壤解冻10~15cm时起垄覆膜，施肥起垄覆膜要连续作业完成，严防跑墒
地膜规格：半膜覆盖选用厚度0.008~0.01mm、宽80~90cm的地膜。全膜覆盖双垄沟播选用厚度0.01mm、宽120cm的地膜
覆膜要求：按照地膜宽度起垄，边角要绷紧压实，每隔3~5米横压土腰带，防止冬春季节大风将膜刮开。全膜覆盖在种植沟内每隔2~3米打一个3~5mm渗水孔，使便播种前膜面汇集雨水从小孔入渗，拦截垄沟内径流</td></tr>
<tr><td>精选种子</td><td colspan="21">选择籽粒饱满均匀一致的种子，要求种子纯度≥98%，发芽率≥90%，净度≥98%，含水量≤13%</td></tr>
<tr><td>种子处理</td><td colspan="21">根据各地病虫害发生情况，针对性选择高效低毒无公害的玉米种衣剂进行种子包衣</td></tr>
</table>

（续表）

月份		四			五			六			七			八			九			十		
		上	中	下	上	中	下	上	中	下	上	中	下	上	中	下	上	中	下	上	中	下
节气		清明		谷雨	立夏		小满	芒种			夏至	小暑			大暑	立秋		处暑	白露		秋分	寒露		霜降

精细播种	播种时期	当气温稳定通过 8～10℃时播种，适宜播期为 4 月下旬
	播种方式	在地膜两侧内 3～5cm 处或种植沟内，用玉米点播器刺入地膜将种子穴播在地下 5cm 左右，每穴 1～2 粒，即："2－1－2"种植，尽可能做到深浅一致。播后踩压播种孔，使种子与湿土层紧密结合。严禁将氮肥与种子混合播种 宁南山区"十年九春旱"，若遇到严重春旱，地表干土层过厚，为不误农时，可采用坐水播种，即用点播器播种同时浇水—点种—覆土）
	合理密植	膜上播种 2 行玉米，行距 50～60cm，露地走道间行距 40～60cm，全膜覆盖植株不留走道 海拔较低、光热资源丰富、土壤肥力水平较高、有补充灌溉地区每亩种植密度 4 500 株左右，株距 30cm 左右。地力较差、海拔较高，或旱作雨养区每亩种植密度 4 000 株，株距 30～35cm
田间管理	苗期	放苗：由于播种后压实产生的小空间，使幼苗出土后避免了与地膜直接接触而造成烧苗。经过几天炼苗，等气温稳定后再将苗放出来，放苗后要及时用土将幼苗基部薄膜压实，既能严防漏气、跑墒，又能抑制杂草生长。同时全膜覆盖双垄沟播要及时破除板结 定苗：幼苗长至 4～5 片叶时及早间苗定株。定苗应拔弱留壮，遇缺穴邻穴留双株，每穴 1 株按密度要求定苗，保留整齐一致的壮苗 去蘖：地膜玉米生长旺盛，易产生分蘖（杈），消耗养分和水分，生产中应在拔节期之前及时彻底去除（打杈）
田间管理	穗期	追施穗肥：拔节期至大喇叭口期（穗肥）追肥，用玉米点播器从两株中间打孔施肥，每亩追施纯 N 7.5～10kg，P₂O₅ 5kg，尽可能将肥料深施在地表 20cm 以下 补充灌溉：大喇叭口期有灌溉条件的川水地追肥后应及时补充灌水 病虫害防治： ●玉米螟：大喇叭口始期，每亩用 1.5% 辛硫磷颗粒剂 1～2kg，或用 0.3% 辛硫磷颗粒剂约 10kg 施入喇叭口内。抽雄前后，用 20% 氰戊菊酯乳油 4 000 倍液，或用 2.5% 溴氰菊酯（敌杀死）乳油 400～500 倍液，或用 20% 速灭杀丁乳油每亩 20ml 并对水 30kg，或用 50% 敌敌畏乳油 1 000 倍液进行喷雾防治。同时，还可兼防治玉米蚜、叶螨、粘虫等 ●瘤黑粉病：主要在拔节期后发生，早期可摘除病瘤深埋。播前用 50% 福美双可湿性粉剂，或用 50% 克菌丹可湿性粉剂，或用 12.5% 速保利可湿性粉剂按种子重量的 0.2% 拌种
	花粒期	增施粒肥：7 月底至 8 月初正值降雨高峰期，玉米生育期处于受粉结束进入灌浆初期，应适量增施灌浆肥。可在降雨前将氮肥撒施玉米基部，一般亩施纯 N 5～7.5kg 补充灌溉：抽雄吐丝期、灌浆期间如遇干旱，有补充灌溉条件的川水地施肥后及时灌水 病虫害防治： ●红蜘蛛：灌浆初中期（7～8 月），于叶片背面喷洒 1.8% 阿维菌素乳油 4 000～5 000 倍液，或 15% 扫螨净，或用 1.8% 虫螨克星 30ml 等。严重地块可隔 7～10 天防治 1 次，防 2～3 次
适时收获		10 月初收获。适期收获标志为玉米苞叶变枯松、籽粒乳线消失、胚部变硬

＊编制：王永宏，郭忠富等。

附录四 玉米种子质量标准及简单鉴别方法

一、玉米种子质量标准

种子质量包括两个方面，一是种子的品种属性，二是种子的播种品质。品种属性指品种纯度、丰产性，抗逆性、早熟性、产品的优质性及良好的加工工艺品质等。播种品质是指种子的充实饱满度、净度、发芽率、水分、活力及健康度等。高质量的种子应当兼有优良的品种属性和良好的播种品质，缺一不可。

国家对玉米种子质量实施强制性标准（GB4404.1—2008 中华人民共和国国家标准《粮食作物种子 第一部分：禾谷类》，2008 年 9 月 1 日实施），质量指标包括：纯度、发芽率、水分和净度四项。玉米杂交种纯度指标是≥96%、净度≥99%、发芽率≥85%、水分≤13%。长城以北和高寒地区的种子水分允许高于13.0%，但不能高于16.0%。若在长城以南（高寒地区除外）销售，水分不能高于13.0%。质量指标是指生产商必须承诺的质量指标，按品种纯度、净度、发芽率、水分指标标注。

需要说明的是，种子质量标准对种子的要求并不包括种子质量的全部内容，在我国只是种子的纯度、净度、水分、发芽率四项指标。因此符合种子质量标准的种子（即合格种子）并不证明种子没有质量问题。特别是一些很重要的品种属性，如丰产性、适应性、抗逆性及健康状况等没有在种子质量标准中体现。

二、玉米种子质量的简单鉴别

农民朋友在购买种子时，应从以下几个方面加以识别。

看种子的包装是否标准。正规的合格种子，其包装袋上应注明作物名称、种子类别和种子净含量。包装袋内或外应附有种子标签，标签上注明作物名称、种子类别、品种名称和品种审定编号、产地和生产时间、产地检疫证明或证书编号、种子净含量、种子质量（发芽率、纯度、净度和水分）、生产商名称和生产许可证编号、联系地址和电话及注意事项等内容。

观看种子外形。普通玉米杂交种，籽粒类型可分为马齿型、半马齿型和硬粒型三种。从外形来分，有长木楔、木楔、短木楔、近圆、圆肾形。如果杂交种中混入了异品种种子，则可以根据籽粒的类型而鉴别。杂交种的形状、大小一般都像母本种子。一般一个制种区的玉米杂交种形状大小比较均匀一致，二代种子比较均匀一致，但与杂交种相比，种籽粒大、扁平、颜色浅，购种时应往意。

目测种子的成色。选择色泽鲜亮、颗粒饱满、均匀无杂质的种子。玉米种子的颜色通常有红、黄、白、紫等，纯度越高的种子颜色越均一。购买时看种子有无光泽可判断种子的新陈，色泽鲜亮是新收获的种子，色泽较暗的种子可能是隔年陈种。

看种子包衣与外包装情况。看种子是否经过包衣加工，并且是定量小袋包装，外包装是否完整、规范、统一、清晰。

三、种子购买时的其他注意事项

要看经营单位的可信度。农户购买种子不能贪图便宜，切不可在流动摊贩处购买，要到正规的公司或者委托代销点购买。

技术咨询。在购买新品种种子时，首先要问清该品种是否经过审定，未经审定的品种不能购买、使用；其次问清品种特征特性、栽培技术，并索要品种介绍等资料，认真咨询所购买的种子是否适宜当地种植。特别应该注意的是：外地引进的种子，即使是经过国家审定的品种也要经过本地区试验示范后确认适宜种植，才能购买、使用。

索要发票。无论在何处购买种子，都要向销售方索要购种票据，票据要详细注明所购种子的品名、数量、生产地等，并妥善保存。

保留样本和包装袋。播种时不要将种子一粒不剩地用完，要有意留一点作标本，以便对种子质量跟踪。

四、玉米种子活力鉴别法

外观目测法。用肉眼观察玉米种胚形状和色泽。凡种胚凸出或皱缩、显黑暗无光泽的，则种子新鲜，生活力强，可作生产用种。

红墨水染色法。以一份市售红墨水加19份自来水配成染色剂；随机抽取100粒玉米种子，用水浸泡两小时，让其吸胀；用镊子把吸胀的种胚、乳胚一一剥出；将处理后种子均匀置于培养器内，注入染色剂，以淹没种子为度，染色15~20分钟后，倾出染色剂，用自来水反复冲洗种子。死种胚、胚乳呈现深红色，活种胚不被染色或略带浅红色，据此判断活种子数，以此除以100，乘以100%，则为发芽率。

浸种催芽法。先将100粒种子用水浸约两小时吸胀，放于湿润草纸上，盖以湿润草纸，置于氧气充足，室温10~20℃环境中，让种子充分发芽；再以发芽的种籽粒数除以100，乘以100%，求得发芽率。这种测定方法虽然准确，但需要8天时间。

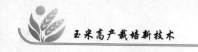

一、复合肥用量估算方法

以玉米目标产量600kg/亩为例：

按亩产600kg需施纯N 15kg、五氧化二磷3kg、氧化钾5kg，若选用复合肥品种为含氮10%、五氧化二磷10%、氧化钾10%的三元素复合肥，以亩施纯量最少的五氧化二磷计算，计算步骤为：

亩施纯五氧化二磷3kg需要三元素复合肥量为$3 \div 10\% = 30kg$

30kg复合肥含纯N量为$30 \times 10\% = 3kg$

30kg复合肥含纯氧化钾量为$30 \times 10\% = 3kg$

由上计算可知，施用30kg三元素复合肥只能满足纯五氧化二磷3kg需求，纯N、氧化钾不能满足，需补充：纯N：$15 - 3 = 12kg$；纯氧化钾：$5 - 3 = 2kg$

再选用氮肥、钾肥品种，根据需补充纯N、纯氧化钾量计算相应实物量。

若补充氮肥选用尿素，则需补施尿素$12 \div 46\% = 26.1kg$

若补充氧化钾选用硫酸钾，则需补施硫酸钾$2 \div 50\% = 4kg$

二、常用肥料品种及特性

附录四表　常用肥料品种及特性

肥料名称	化学分子式	传统分类	主要养分含量（%）	其他养分含量（%）	吸湿性	水溶性	酸碱性
尿素	$CO(NH_2)_2$	氮肥	N 46		差	高	中性
碳酸氢铵	NH_4HCO_3	氮肥	N 17		高	高	中性
硫酸铵	$(NH_4)_2SO_4$	氮肥	N 21	S 24	高	高	酸性
氯化铵	NH_4Cl	氮肥	N 25	Cl 66	高	高	酸性
过磷酸钙		磷肥	P_2O_5 12	S 12、CaO 27	中	差	酸性
磷酸二铵	$(NH_4)_2HPO_4$	复混肥	P_2O_5 46、N 18		差	高	微酸性
磷酸一铵	$NH_4H_2PO_4$	复混肥	P_2O_5 48、N 11		差	高	微酸性

（续表）

肥料名称	化学分子式	传统分类	主要养分含量（%）	其他养分含量（%）	吸湿性	水溶性	酸碱性
钙镁磷肥		磷肥	P_2O_5 18	CaO 25、MgO 14	差	差	微碱性
重过磷酸钙		磷肥	P_2O_5 46	S 1、CaO 12	差	中	微酸性
硝酸磷肥		复合肥	N 27、P_2O_5 13	CaO 20	中	高	酸性
磷酸二氢钾	KH_2PO_4	复合肥	P_2O_5 52、K_2O 34		差	高	中性
氯化钾	KCl	钾肥	K_2O 60	Cl 47	差	高	中性
硫酸钾	K_2SO_4	钾肥	K_2O 50	S 18	差	高	中性
硝酸钾	KNO_3	复合肥	K_2O 45、N 13		差	高	中性
硝酸钙	$Ca(NO_3)_2$	氮肥	N 15	Ca 20	高	高	微酸性
硝酸镁	$Mg(NO_3)_2$	氮肥	N 18	Mg 16	差	高	微酸性
硫酸镁	$MgSO_4$	镁肥、硫肥	Mg 20、S 26		差	高	中性
硫黄	S	硫肥	S 100		差	差	中性
石膏	$CaSO_4$	石灰材料	CaO 29、S 18		差	差	中性
方解石	$CaCO_3$	石灰材料	CaO 40		差	差	微碱性
硫酸亚铁	$FeSO_4 \cdot 7H_2O$	微肥	Fe 20	S 11	中	高	微酸性
硫酸锌	$ZnSO_4 \cdot 7H_2O$	微肥	Zn 20	S 10	高	高	微酸性
硫酸锰	$MnSO_4 \cdot H_2O$	微肥	Mn 32	S 18	差	高	微酸性
硫酸铜	$CuSO_4 \cdot 5H_2O$	微肥	Cu 25	S 12	中	高	微酸性
硼砂	$Na_2B_4O_7 \cdot 10H_2O$	微肥	B 10		差	高	微碱性
硼酸	H_3BO_3	微肥	B 16		差	高	微酸性
钼酸铵	$(NH_4)_6Mo_7O_{24} \cdot 4H_2O$	微肥	Mo 54	N 6	差	高	中性
钼酸钠	$Na_6Mo_7O_{24}$	微肥	Mo 56	Na 11	差	高	微碱性

＊摘自：全国农业技术推广服务中心编写《春玉米测土配方施肥技术》，2011

附录六　常规肥料混配一览表

○ 可以混合
● 混合后不宜久放
× 不可混合

	名称	1	2	3	4	5	6	7	8	9	10	11	12	13	14	15	16	17	18	19	20	21	22	23	24
1	硫酸铵																								
2	硝酸铵	●																							
3	氨水	×	×																						
4	碳酸氢铵	×	●	×																					
5	尿素	○	●	×	×																				
6	石灰氮	×	×	×	×	×																			
7	氯化铵	○	●	×	○	×	×																		
8	过磷酸钙	○	●	×	○	○	×	○																	
9	钙镁磷肥	●	●	×	○	●	×	○	×																
10	钢渣磷肥	●	●	×	×	●	×	○	×	×															
11	沉淀磷肥	○	●	×	○	○	×	○	○	○	○														
12	脱氟磷肥	●	●	×	×	●	×	○	○	○	○	○													
13	重过磷酸钙	○	●	×	○	○	×	○	○	×	×	○	×												
14	磷矿粉	○	○	×	○	○	×	○	○	×	×	○	×	×											
15	硫酸钾	○	○	×	○	○	×	○	○	○	○	○	○	○	○										
16	氯化钾	○	○	×	●	○	×	○	○	○	○	○	○	○	○	○									
17	窑灰钾肥	×	×	×	×	×	×	×	○	○	○	○	○	×	×	○	○								
18	磷酸铵	○	○	×	○	○	×	○	○	○	○	○	○	○	○	○	○	×							
19	硝酸磷肥	●	●	×	●	●	×	○	○	●	●	○	●	●	○	○	○	●	●						
20	钾氮混肥	○	●	×	○	○	×	○	○	○	○	○	○	○	○	●	●	●	○	●					
21	氯化过磷酸钙	○	●	×	○	○	×	○	○	○	○	○	○	○	○	○	○	×	○	●	○				
22	草木灰、石灰	×	×	×	×	×	×	×	×	○	○	×	×	×	○	○	○	×	×	×	×	×			
23	粪、尿	○	×	○	×	○	×	○	○	○	○	○	○	○	○	○	○	×	○	×	×	×	×		
24	新鲜厩肥、堆肥	○	×	○	○	○	○	○	○	○	○	○	○	○	×	○	○	○	○	○	○	○	×	○	

＊摘自：全国农业技术推广服务中心编写《夏玉米测土配方施肥技术》，2011

附录七　农药混用安全知识

　　将两种或两种以上含不同有效成分的农药制剂混配在一起施用，通常称农药混用。农药混用的形式有两种：一种是根据农田有害生物发生的情况，选择适当的农药品种和剂型现混现用；另一种是混剂，即根据生产需要，经最佳配比选择、室内毒力测定和配方研究后，由工厂加工生产成一定剂型的混合制剂，供用户直接使用。混剂在出厂前已经过了安全性测定，按照说明使用，一般不会出现药害。这里指的农药混用，是指农户根据田间病虫草害发生情况自行购药混合施用。

合理的农药混用，不仅可以增加防效，扩大防治范围，降低有害生物的抗药性，提高产量，还可以提高工效，减少用药量，降低成本。但目前生产上农药的盲目混用现象比较严重，结果导致农药药效降低，或者毒性增加，甚至还使作物产生药害，所以农药的混用一定要慎重，切忌没有科学依据的情况下随意混配。

一、农药混用的原则

1. 混用后不发生不良化学反应：（如水解、碱解、酸解或氧化还原反应等）

例如，多数有机磷杀虫剂、氨基甲酸酯类杀虫剂、拟除虫菊酯类杀虫剂等对敌稗、波尔多液、石硫合剂、硫酸锌石灰液等碱性农药敏感，混用时很快发生水解反应从而降低药效或成无效物；福美双、代森环、克菌丹等杀菌剂，有效成分在碱性介质中会发生复杂的化学变化而被破坏；有的农药如 2,4-D 钠盐、2 甲 4 氯钠盐、双甲脒等有效成分在酸性条件下会分解，或者降低药效，常见的酸性药剂有硫酸铜、硫酸烟碱、抗菌剂 401、乙烯利水剂等；有机硫类和有机磷类农药不能与含铜制剂的农药混用，如二硫代氨基甲酸盐类杀菌剂、2,4-D 盐类除草剂与铜制剂混用，因与铜离子络合，而失去活性。

2. 混用后不影响药剂的物理性状（如乳化性、悬浮率降低等）

不同剂型的农药混用很易造成物理不稳定性，例如，可湿性粉剂和乳油进行混用，常形成油状絮凝或沉淀；农药与液体肥料混用时，则可能发生盐析作用，而发生分层甚至沉淀。不同剂型之间混用时，加入顺序不同，所得到的相容性结果或混合液的稳定性有差异，一般加入不同剂型的顺序是：微肥、可湿性粉剂、悬浮剂、水剂、乳油，并不断搅拌，待一种药剂充分溶解后再加下一种药剂，这样容易配成稳定均一的混合药液，切忌将几种药剂一起倒入水中搅和。

3. 混用后，不能使作物产生药害

有些农药混用时，会产生物理或化学变化造成药害，应严格注意。例如，丁草胺等不能与有机磷、氨基甲酸酯杀虫剂混用；烟嘧磺隆系列是当前玉米上使用较多的苗后茎叶处理剂，其与有机磷类农药产品混用易产生药害。通常，本身易产生药害的杀菌剂，在与乳油类混用时往往会加重药害。

4. 农药混合后，毒性不能增大，且毒性和残留不高于单用的药剂

有些农药混合后会增大毒性，植物易产生药害，对人畜也不安全。例如，某些毒性不太高的农药（有机磷杀虫剂）混用后，因酯交换反应会产生剧毒化合物，如马拉硫磷与敌敌畏、马拉硫磷与敌百虫混用后会增加毒性。

5. 混用要合理

根据防治目的，所混药剂之间要取长补短，各取所需。例如，根据作用机理的不同将敌百虫与敌敌畏混用，即是利用敌百虫的胃毒作用与敌敌畏熏蒸和触杀作用的杀虫剂相混合；根据药效速度不一样将两种农药混合，若合理混配，可以优势互补，如菊酯或毒死蜱与阿维菌素混用，前者杀虫快，后者杀虫慢，混配后可加速杀虫作用并延长作用时间；以扩大防治范围为目的，如除草剂与杀虫剂在玉米田的混合施用，在防治杂草的同时对苗期害虫有一定的防治作用。

6. 注意农药品种间的拮抗作用，保证药剂混用后的增效作用

农药混用的目的之一就是增加防治效果，如果混用后效果降低则不能混用。例如，棉铃虫对拟除虫菊酯类杀虫剂的抗性非常严重，但当与有机磷类杀虫剂、氨基甲酸酯类杀虫剂混用后，对拟除虫菊酯类杀虫剂表现出明显的增效作用。

二、农药混用类别

1. 杀虫剂混用

由两种或两种以上杀虫剂混配而成，是混剂中最多的一类。目前，主要有有机磷类与有机磷类、有机磷与拟菊酯类、有机磷与氨基甲酸酯类、有机氮与氨基甲酸酯类、有机氮与拟菊酯类等混用方式。例如，Bt 乳剂可与非碱性化学农药杀虫双、杀虫单、甲胺磷、三唑磷、敌敌畏、敌百虫等化学杀虫剂或杀螨剂混合使用，并有增效作用，但严禁与杀菌剂混用。马拉硫磷与敌敌畏或二溴磷混用，可防治灰飞虱、叶蝉等，不仅防效显著，还可以阻止害虫抗性的发展；甲胺磷和溴氰菊酯混合后对玉米螟 3 龄幼虫的触杀活性较这两种药剂单独处理表现出相加至增效的作用；阿维菌素加乐果或抑太保也可以防治多种害虫。

2. 杀虫剂与杀菌剂混用

由一种或多种杀虫剂与一种或多种杀菌剂混配而成。例如，马拉硫磷与稻瘟净混用（1:1）防治棉铃虫比单用马拉硫磷增效 6.19 倍。但值得注意的是微生物杀虫剂和内吸性有机磷杀虫剂不能与杀菌剂混用，如果与杀菌剂混用，它们被杀菌剂致死，自然失去杀虫、杀菌的作用，如 Bt 制剂。

3. 杀虫剂与除草剂混用

由一种或多种杀虫剂与一种或多种除草剂混配而成。例如，防治田间地头杂草间的灰飞虱，最好在喷施杀虫剂的同时加入百草枯（克芜踪）、草甘膦（农达）等除草剂杀灭杂草，破坏该虫的栖息环境，降低虫量。在玉米田除草时，加适量杀虫剂（如氧化乐果，每亩加药 100ml），可消灭残落在田间的粘虫幼虫；对硫磷与灭草隆或莠去津分别混用，增效分别为 4.1 倍及 3.6 倍；此外烟嘧磺隆

可与菊酯类杀虫剂混用,除草的同时也可治虫。

4. 杀菌剂混用

由两种或两种以上杀菌剂混配而成。由于成本等原因,目前玉米田应用的比较少。例如,烯唑醇与扑海因混配,田间相对防效明显高于两单剂及目前生产中常用于防治玉米弯孢霉叶斑病的百菌清。

5. 杀菌剂与除草剂混用

由杀菌剂与除草剂混配而成,较少应用。

6. 除草剂混用

由两种或两种以上除草剂混配而成,品种很多。玉米田化学除草首选除草剂混用,如:阿特拉津除草效果较好但用量不宜过大,需要与其他除草剂混用,可供搭配的除草剂主要为乙草胺、都尔等;将烟嘧磺隆与莠去津、二甲四氯钠混用,可以减少烟嘧磺隆用量,避免药害发生。

7. 植物生长调节剂混用

由两种或两种以上植物生长调节剂混配而成,如 DA-6 + 乙烯利(或复硝酚钠 + 乙烯利)。单用乙烯利,有矮化增壮作用,但易出现叶片早衰现象,应用 DA-6 + 乙烯利复配使用比单用乙烯利可降低株高达 20%,具有明显的增效,防早衰明显。

8. 农药与化学肥料的混用

由不同类别的农药与不同类别的化学肥料混配而成。田间除草剂和肥料混用较多,如:氮磷钾肥与 2,4-D 或西玛津比单独应用增加玉米产量,表现出对产量的增效作用;叶面肥料与 2,4-D 混用使 2,4-D 的除草活性增加 50%。草甘膦与液体肥料尿素或硫酸铵混用同样增加了草甘膦的除草活性。

农药使用有四种情况需注意:①不能与碱性肥料混用。如氨水、草木灰等不能与敌百虫、乐果、甲胺磷、速灭威、甲基托布津、多菌灵、叶蝉散、菊酯类杀虫剂等农药混用,否则会降低药效。②不能与碱性农药混用。如石硫合剂、波尔多液、松脂合剂等与碳酸氢铵、硫酸铵、硝酸铵和氯化铵等铵态氮肥和过磷酸钙等化肥混用,否则会使氨挥发,降低肥效。③不能与含砷的农药混用。如砷酸钙、砷酸铝等与钾盐、钠盐类化肥混用,否则会因产生可溶性砷而发生药害。④化学肥料不能与微生物农药混用。因为化学肥料挥发性、腐蚀性都很强。若与微生物农药,如青虫菌等混用,则易杀死微生物,降低防治效果。

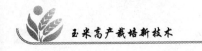

附录八 农药配制安全知识

一、农药配制方法

液体农药的稀释。液体量少时可以直接稀释。需要配制较多药量时,最好采取二步配制法,即用少量水将农药原液先配成母液,再将母液按比例稀释。

可湿性粉剂的稀释。应采用二步配制法,即先用少量水配成较浓稠的母液,再将母液按要求稀释。

粉剂农药的稀释。主要是利用填充料稀释。先取草木灰、米糠、干细泥等,再将所需的粉剂农药混入搅拌,反复添加,直到达所需倍数。

颗粒剂农药的稀释。利用适当的填充料与之混合(可用干燥的沙土或中性化肥作填充料),按一定比例搅匀。

注意:不要用污水和井水配药,因为污水内杂质多,容易堵塞喷头,还会破坏药剂悬浮性而产生沉淀;而井水含矿物质较多,与农药混合后易产生化学作用,形成沉淀,降低药效。最好用清洁的河水配药。

二、农药配比速查表

附录七表　农药配比速查表

稀释浓度	15kg 水加药量 (g 或 ml)	25kg 水加药量 (g 或 ml)	50kg 水加药量 (g 或 ml)
100 倍液	150.00	250.00	500.00
200 倍液	75.00	125.00	250.00
300 倍液	50.00	83.50	167.00
500 倍液	30.00	50.00	100.00
600 倍液	25.00	41.50	83.00
800 倍液	18.75	31.25	62.50
1 000 倍液	15.00	25.00	50.00
1 200 倍液	12.50	20.85	41.70
1 500 倍液	10.00	16.65	33.30
2 000 倍液	7.50	12.50	25.00
2 500 倍液	6.00	10.00	20.00
3 000 倍液	5.00	8.35	16.70

附录九　如何鉴别真假化肥

（全国农业技术推广服务中心，2011）

一、包装鉴别法

标志鉴别。国家有关部门规定，化肥包装袋上必须注明产品名称、养分含量、等级、商标、净重、标准代号、厂名、厂址、生产许可证代号等。如果没有上述标志或标志不完整，则可能是假冒或劣质化肥。

检查包装袋封口。对包装封口有明显拆痕的化肥要特别注意，这是有可能掺假的现象。

二、形状、颜色鉴别法

尿素为白色或淡黄色，呈颗粒状、针状或棱柱状结晶体，无粉末或少有粉末。

硫酸铵除副产品外为白色晶体。

氯化铵为白色或淡黄色结晶。

碳酸氢铵呈白色颗粒状结晶，也有厂家生产大颗粒扁球形状碳酸氢铵。

过磷酸钙为灰白色或浅灰色粉末。

重过磷酸钙为深灰色、灰白色颗粒或粉末。

硫酸钾为白色晶体或粉末。

氯化钾为白色或淡红色颗粒。

三、气味鉴别法

有明显刺鼻氨味的颗粒是碳酸氢铵；有酸味的细粉是重过磷酸钙；如果过磷酸钙有很刺鼻的酸味，则说明生产过程中很可能使用了废硫酸。这种化肥有很大的毒性，极易损伤或烧伤作物。

需要注意的是，有些化肥虽是真的，但含量很低，属于劣质化肥，肥效不大，购买时应请专业人员鉴定。

参 考 文 献

郭忠富，张树海，冯荔. 2012. 全膜覆盖条件下玉米套种大豆效益研究 [J]. 现代农业科技，（4）：70－71.

李少昆，王崇桃. 2010. 玉米高产潜力·途径 [M]. 北京：科学出版社.

李少昆，杨祁峰，王永宏，等. 2012. 北方旱作玉米田间种植手册 [M]. 北京：中国农业出版社.

马国瑞. 2002. 农作物营养失调症原色图谱 [M]. 北京：中国农业出版社.

彭世琪，钟永红，崔勇，等. 2008. 农田土壤墒情监测技术手册 [M]. 北京：中国农业科学技术出版社.

全国农业技术推广服务中心. 2011. 春玉米测土配方施肥技术 [M]. 北京：中国农业出版社.

于振文. 2013. 作物栽培学各论 [M]. 北京：中国农业出版社.

张玉聚，孙化田，楚桂芬. 2002. 除草剂安全使用与药害诊断原色图谱 [M]. 北京：金盾出版社.